FIBONACCIS KANINCHEN

Titel der Originalausgabe: *Fibonacci's Rabbits*
Erstausgabe 2020 erschienen bei Modern Books, einem Imprint von
Elwin Street Productions Limited, 14 Clerkenwell Green, London EC1R 0DP,
Großbritannien, www.elwinstreet.com

Textergänzungen von John Farndon
Layout und Illustrationen: Jason Anscomb, Rawshock design
Bildnachweis: Shutterstock.com, mit Ausnahme von S. 117: gemeinfrei

Deutsche Erstausgabe

Ein Unternehmen der Média-Participations

Projektleitung: Veronika Brandt, Knesebeck Verlag, München
Covergestaltung: Fabian Arnet, Knesebeck Verlag, München
Lektorat und Satz: Textilien. Lektorat und Producing
Barbara Delius, Berlin / Silke Körber
Fachliche Beratung: Susanne M. Hoffmann, Berlin

Printed in China

ISBN: 978-3-95728-443-3

www.knesebeck-verlag.de

FIBONACCIS KANINCHEN

UND 49 ANDERE ENTDECKUNGEN, DIE DIE MATHEMATIK REVOLUTIONIERTEN

ADAM HART-DAVIS

ÜBERSETZUNG AUS DEM ENGLISCHEN
VON CARSTEN HEINISCH

KNESEBECK

Inhalt

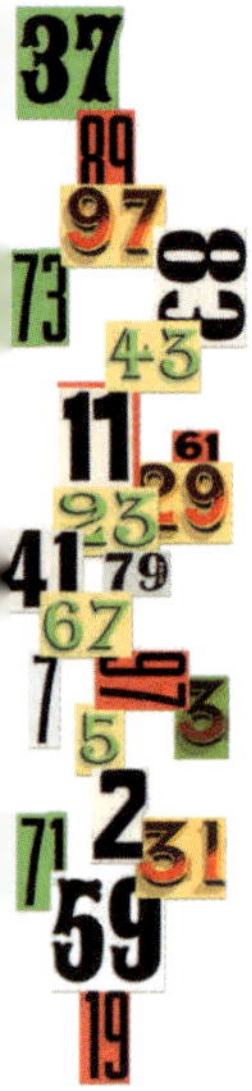

4 MATHEMATIK ALS SCHLÜSSEL ZUM UNIVERSUM: 1666–1796 78

5 LEBENSRETTER, LOGIK, EXPERIMENTE: 1797–1899 98

Einleitung

Anders als die Naturwissenschaften hat die Mathematik ihre eigenen Methoden und Gesetzmäßigkeiten. Sie ist unabhängig von der physischen Welt – dem Gewicht von Blei, dem Blau des Himmels oder der Entflammbarkeit von Schwarzpulver. Fortschritte kommen meist durch reine Erkenntnis und logisches Denken zustande, und vor Kurzem noch brauchten Mathematiker für ihre Arbeit wenig mehr als Papier und Stift.

Experimente haben gezeigt, dass viele Tiere – Krähen, Ratten, Schimpansen – bis zu erstaunlich hohen Zahlen zählen können. Man kann vernünftigerweise annehmen, dass auch die frühen Menschen einen ähnlichen Instinkt für Zahlen hatten, sogar ohne die Finger zu Hilfe zu nehmen.

Einer der Pioniere der Mathematik war Pythagoras. Er wurde um 571 v. Chr. auf der Insel Samos geboren und begründete im damals griechischen Kroton in Kalabrien eine Schule für Mathematiker. Deren Mitgliedern war es weder erlaubt, Bohnen zu essen noch weiße Federn zu berühren oder im Sonnenschein »Wasser zu lassen«. Pythagoras hat den nach ihm benannten Satz über das Hypotenusenquadrat ($a^2 + b^2 = c^2$) nicht erfunden, aber bewiesen. Er führte das Konzept des Beweises ein, eine Grundlage der Mathematik. In der Mathematik dreht sich alles um Beweise, wohingegen die Naturwissenschaft nichts beweisen kann – Forscher können Aussagen zwar widerlegen, aber nicht endgültig als wahr bestätigen.

Der Beweis war auch Dreh- und Angelpunkt der Fermat'schen Vermutung. In dem Werk eines altgriechischen Mathematikers notierte der französische Jurist und Mathematiker Pierre de Fermat in der Randspalte, dass es für die Gleichung $x^n + y^n = z^n$ keine ganzzahligen Lösungen gebe, wenn n größer als zwei ist. »Ich habe hierfür einen wahrhaft wunderbaren Beweis dafür gefunden«, schrieb er, »doch ist dieser Rand hier zu schmal, um ihn zu fassen.« Als Fermat 1665 starb, fand man die Notiz, und 330 Jahre lang suchten die besten Mathematiker vergeblich

nach diesem Beweis. Erst 1993 löste Andrew Wiles das Rätsel – doch er brauchte dafür über 150 Seiten und nutzte mathematische Techniken, die zu Fermats Zeit unbekannt waren. Wir werden also nie wissen, ob der Franzose wirklich den Beweis gefunden hatte.

Tatsächlich gibt es in der Mathematik viele Rätsel, und auch Leonardo von Pisa, bekannt als Fibonacci, formulierte 1202 eines in seinem Rechenbuch *Liber Abaci*, um eine faszinierende Zahlenfolge einzuführen: Die Leserinnen und Leser sollten sich ein Paar Kaninchenjunge vorstellen. Innerhalb eines Monats wären sie ausgewachsen und würden Junge zeugen, die sich nach einem Monat wieder vermehren und so fort. Dann fragte er: »Wie viele Kaninchenpaare gibt es am Ende eines jeden Monats?« Die Antwort lautet: 1, 1, 2, 3, 5, 8, 13, 21, 34 ... Diese Folge lässt sich beliebig fortsetzen: Jede neue Zahl ergibt sich, indem man die beiden letzten Zahlen addiert. Die Zahlen dieser Fibonacci-Folge tauchen in der Natur überall auf. Blumen haben oft 3, 5 oder 8 Blütenblätter, die Schuppen auf Kiefernzapfen bilden üblicherweise Spiralen, 8 im Uhrzeigersinn und 13 in der anderen Richtung. Fibonacci war ein kluger Mann, und so führte er auch noch das Zahlensystem, das er bei den Arabern kennengelernt hatte, im Westen ein. Ohne diese Zahlen hätten die nachfolgenden Wegbereiter der Mathematik ihre Entdeckungen niemals machen können: Newton und Leibniz hätten die Differenzial- und Integralrechnung nicht entwickelt, und somit wären die Ideen und Innovationen von Euler, Gauß, Lagrange und Pascal nicht möglich gewesen. Diese waren wiederum entscheidend für das Werk von Galois, Poincaré, Turing, Mirzakhani und vielen anderen.

All diese Entdeckungen, wie Fibonaccis Kaninchen und seine Zahlenfolge, bauen auf vorhergehenden mathematischen Überlegungen auf, wachsen und erweitern sich. Und das tun sie noch immer.

1. KAPITEL Ein Gefühl für Zahlen: 20 000 – 400 v. Chr.

Niemand weiß genau, wann die Mathematik begann, oder besser, wann sie entdeckt wurde. Es ist ein alter philosophischer Streit: Hat der Mensch die Mathematik erfunden, oder gab es sie schon und musste nur noch entdeckt werden? Viele Tiere können bis vier oder fünf zählen, und es scheint möglich, dass auch unsere Vorfahren die Anzahl der Sippenmitglieder oder der Tiere in einer Herde abschätzen konnten. Das Zählen mit den Fingern ist uns fast zur zweiten Natur geworden, Hilfsmittel wie Stäbchen oder Strichlisten sind konsequente Weiterentwicklungen davon.

Der Übergang von einfachen praktischen Problemen zu abstrakten mathematischen Ideen muss ein Riesenschritt

gewesen sein. Wie diese ganz frühe Phase aussah, wissen wir nicht, denn es gibt kaum schriftliche Aufzeichnungen darüber. Erst mit dem Aufkommen und der Blütezeit der antiken griechischen Stadtstaaten rings ums Mittelmeer, insbesondere in Kroton, Athen und Alexandria, änderte sich das nachhaltig. Einer der ersten griechischen Philosophen, Thales von Milet, sagte eine Sonnenfinsternis voraus. Dies war für die damalige Zeit so beeindruckend, dass er dadurch sogar eine Schlacht beendet haben soll. Wie er zu dieser Vorhersage kam, ist nicht überliefert, aber es war wohl Mathematik dabei im Spiel.

UM 20000 V. CHR.

MATHEMATIKER:
Frühmenschen

ERGEBNIS:
Die frühen Menschen ritzten zum Zählen Kerben in Knochen.

DAS RÄTSEL DES ISHANGO-KNOCHENS

DIE ÄLTESTEN BELEGE FÜR DAS ZÄHLEN

Die Ur- und Frühgeschichte des Menschen ist in Fossilien überliefert – jenen Fragmenten alter Lebensformen, die erhalten geblieben sind und aus dem Boden geborgen wurden. Knochen sind härter als anderes Gewebe und überdauern länger.

Einige uralte Knochen könnten als Belege für die Anfänge der Mathematik angesehen werden. Sie weisen von Urmenschen eingeritzte Kerben auf, die zeigen, dass schon vor Tausenden von Jahren verschiedene Zählsysteme existierten.

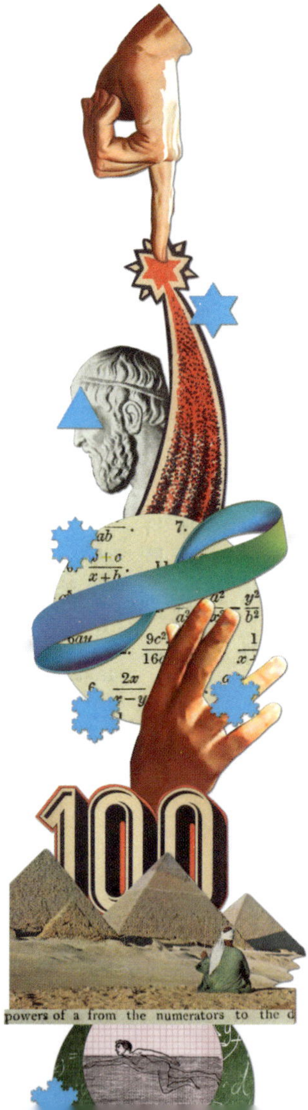

Der Lebombo-Knochen

Der Lebombo-Knochen wurde Anfang der 1970er-Jahre von dem Archäologen Peter Beaumont in einer Höhle in den Lebombo-Bergen im Grenzgebiet zwischen Südafrika und Swasiland gefunden. Der Knochen ist das Schienbein eines Pavians, er ist 8 cm lang, etwa 44 000 Jahre alt und trägt genau 29 Kerben. Es könnte ein Messstab gewesen sein, aufgrund der Anzahl der Kerben ist aber auch ein Mondkalender denkbar. Vielleicht trafen sich Menschen bei Neumond zu einer Zeremonie, um die Wiedergeburt des Mondes zu erbitten. Der Mond hat einen Zyklus von 29 Tagen, ein Knochen mit 29 Kerben ermöglicht also die Vorhersage, wann der nächste Neumond stattfindet. Allerdings ist der Knochen an einem Ende abgebrochen, er könnte also auch mehr Kerben gehabt haben.

Der Ishango-Knochen

Der Ort Ishango gehört zum Virunga-Nationalpark in der Demokratischen Republik Kongo, in dem eine der Nilquellen liegt. 1960 fand der Belgier Jean de Heinzelin de Braucourt dort einen dünnen braunen Knochen, erneut das Schienbein eines Pavians. Der Ishango-Knochen ist etwa 20 000 Jahre alt und 10 cm lang. Er scheint als eine Art Griffel gedient zu haben, denn an einem Ende ist ein Stück Quarz befestigt. Die Längsseite weist eine Reihe von geordneten Kerben in drei Reihen oder Zeilen auf.

Die Kerben sind in Gruppen angeordnet, die offenbar Zahlen darstellen. Die oberste Reihe weist 7, 5, 5, 10, 8, 4, 6 und 3 Kerben auf (insgesamt 48), die zweite Reihe 9, 19, 21 und 11 (zusammen 60). In der dritten Reihe sind es 19, 17, 13 und 11 Kerben (zusammen 60).

Kerben auf dem Ishango-Knochen

Gespaltene Kerbhölzer

Ursprünglich hielt man den Knochen für ein Kerbholz. Solche Hölzer werden häufig gefunden, sie waren eine Art Merkhilfe. Gespaltene Kerbhölzer wurden bei finanziellen Transaktionen benutzt. Eine Reihe von Kerben gab den Betrag an. Dann wurde das Holz durchtrennt, sodass auf beiden Teilen alle Kerben zu sehen waren und jeder einen Beleg für den Handel hatte.

Ein Mondkalender

Der Knochen könnte auch ein sechsmonatiger Kalender der Mondphasen sein. Der Mond braucht etwa sieben Tage für ein Viertel des Zyklus – von Voll- zu Halbmond, von Halb- zu Neumond und so fort. Somit würde die erste Reihe den Versuch darstellen, alle Nächte von aufeinanderfolgenden Viertelzyklen aufzuzeichnen. Dies wäre durchaus sinnvoll, wenn man bedenkt, dass das Ishango-Gebiet meist bewölkt war und die direkte Himmelsbeobachtung dadurch erschwert wurde.

Ein Beleg für frühe Mathematik?

Seit ungefähr 60 Jahren streiten die Gelehrten nun über die Bedeutung dieser Zahlen. De Heinzelin behauptete, sie bildeten eine Art arithmetisches Spiel. Andere meinten, da die Summen der Reihen 60 beziehungsweise 48 sind, also ein Vielfaches von 12, könnten sie auch die Basis eines Duodezimalsystems gebildet haben – ein Zahlensystem auf der Basis 12.

Wenn man von rechts nach links liest, hat die oberste Reihe drei, verdoppelt dann sechs Kerben; danach vier, dann verdoppelt zu acht Kerben; danach zehn, dann halbiert zu fünf Kerben. Die zweite und dritte Reihe haben jeweils nur eine ungerade Anzahl von Kerben. In der zweiten Reihe sind (10 – 1), (20 – 1), (20 + 1) und (10 + 1) Kerben. Die dritte Reihe hat vier Gruppen, jeweils mit einer Primzahl (genauer: alle Primzahlen zwischen 10 und 20). Könnten die Menschen schon vor 20 000 Jahren das Konzept der »Primzahl« verstanden haben? Das ist unwahrscheinlich.

Laut dem Mathematikhistoriker Peter Rudmann wurden Primzahlen erst vor rund 2500 Jahren erkannt, und was eine Division ist, weiß man erst seit etwa 10 000 Jahren. Auch wenn die Bedeutung der genannten Zahlen unklar bleibt, würde es ohne diese ersten Schritte wohl kaum die uns heute bekannte Mathematik geben.

WARUM ZÄHLEN WIR BIS »10«?

VOM URSPRUNG DER ZAHLEN

20 000–3400 V. CHR.

MATHEMATIKER:
Frühmenschen

ERGEBNIS:
Die indo arabischen Ziffern haben sich gegen andere Schreibweisen durchgesetzt.

Beim Zählen gibt man die Anzahl der Elemente in einer Menge an – zum Beispiel Wörter in einem Satz oder Nüsse auf einem Teller –, indem man sie bezeichnet. Wenn die zu zählenden Dinge über Zeit und Raum verteilt sind – Regenschauer über den Tag oder Schafe im gesamten Moor –, dann wird das Zählen einfacher durch Strichlisten auf Papier oder die sprichwörtlichen Kerbhölzer.

Der Lebombo-Knochen (siehe S. 12) und andere Kerbhölzer legen nahe, dass solche Zählsysteme schon vor 44 000 Jahren in Gebrauch waren. Menschen zählten so die Mitglieder ihrer Sippe, die Tiere in einer Herde oder ihre Feinde.

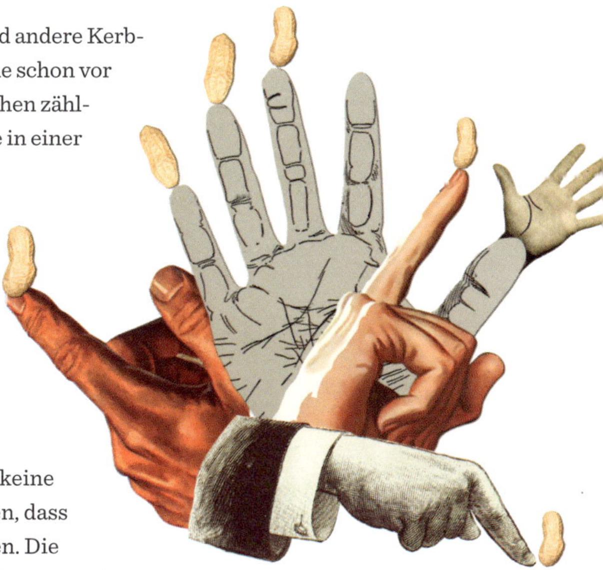

Zählen ohne Sprache

Besonders unsere Finger sind eine gute Zählhilfe. Wenn weniger als zehn Nüsse auf dem Teller sind, legt man einen Finger auf jede Nuss und sieht, wie viele Finger »belegt« sind. Man muss also das Konzept »fünf« oder »sieben« nicht kennen und braucht auch keine Vorstellung von Zahlen. Es reicht zu sehen, dass die Nüsse bis zum Mittelfinger links gehen. Die Anzahl der Nüsse muss man nicht einmal aussprechen, sondern einfach die entsprechende Anzahl Finger zeigen. In vielen Kulturen gleicht das Symbol für ein einziges Objekt unserer »eins«, die man ja auch als Darstellung eines Fingers deuten kann. Das ist bis heute so: Im Restaurant oder in der Kneipe braucht man nur den Zeigefinger zu heben, und schon bekommt man ein Bier.

Neue Zahlensysteme

Wir wissen nicht genau, wann Menschen erstmals Wörter aussprachen. Aber wahrscheinlich haben sie schon bald darauf auch Bezeichnungen für Zahlen erdacht, selbst wenn das Zählen in der Form »eins, zwei, sehr viele« ablief.

Im Zagros-Gebirge im heutigen Iran wurden über 6000 Jahre alte Tontafeln gefunden, die einst zur Aufzeichnung von Viehbeständen genutzt wurden. Eine Tafel (Token) mit einem eingedrückten Pluszeichen stand für ein Schaf, zwei Token für zwei Schafe. Ein anderes Token stellte 10 Schafe dar, wieder ein anderes 10 Ziegen. Dies sind die ältesten Nachweise für Zahlen und Zählen, die nicht nur als Strichlisten ausgeführt sind.

Die ersten abstrakten Zahlzeichen wurden um 3100 v. Chr. von den Sumerern in Mesopotamien geschrieben, im heutigen Irak. Die Sumerer hatten ein Zählsystem auf Basis der Zahl 60 (siehe S. 18) sowie weitere Hilfssysteme: Wenn sie also Vieh zählten oder eine Strecke abmaßen, verwendeten sie dafür jeweils unterschiedliche Symbole (einschließlich eines Platzhalters für die Null) und Begriffe. In Japan ist das noch heute so.

Etwas später, um 3000 v. Chr., entwickelten die Ägypter ihre Zahlzeichen. Dieses System ähnelte dem der römischen Ziffern und hatte verschiedene Zeichen für die Potenzen von 10 (1, 10, 100 usw.). Bemerkenswerterweise gab es bei den Ägyptern auch eine spezielle Hieroglyphe für Brüche. Diese Neuerung war wahrscheinlich auf praktische Notwendigkeiten zurückzuführen, etwa die Verteilung von Nahrung auf mehrere Menschen.

Chinesische, römische und arabische Ziffern

Vor über 2500 Jahren nutzten chinesische Mathematiker und Kaufleute kleine Stäbchen zum Zählen und Rechnen. Jedes Stäbchen stand für einen anderen Wert, abhängig von seiner Lage und davon, ob es waagerecht oder senkrecht lag. Für den Wert Null wurde einfach eine Lücke gelassen. Manchmal wurden rote Stäbchen für positive Zahlen und schwarze (oder dreieckige) Stäbchen für negative genutzt.

Die römischen Ziffern entstanden aus einem primitiven System von in Holz, Knochen oder Stein eingeritzten Kerben. Die Symbole I, II, III, IV, V, VI, VII, VIII, IX und X stehen für 1 bis 10, alle diese Zahlzeichen haben nur gerade Linien, sind also leicht einzuritzen. Auch L für 50 und M für 1000 sind einfach, C für 100 und D für 500 sind wegen der Rundungen schon etwas schwerer zu schreiben. Das Rechnen mit diesen Zahlzeichen ist hingegen unmöglich – versuchen Sie einmal, CMIX mit IV zu multiplizieren. Wie viel einfacher ist 909 · 4!

Im 6. Jahrhundert n. Chr. vereinfachten die Inder ihr Ziffernsystem zu einem Dezimalsystem, das mit unserem heutigen vergleichbar ist. Im 9. Jahrhundert schließlich integrierten die Araber das indische System, einschließlich der Null als Platzhalter, in ihr eigenes System.

Diese Ziffern waren nun deutlich besser zum Rechnen geeignet: Der Hauptgrund dafür ist das Stellenwertsystem, in dem der Wert einer Ziffer davon abhängt, an welcher Stelle in einem Zahlzeichen sie steht. So beschreibt die 9 in 190 neun Zehner, in 907 aber neun Hunderter. Die Einfachheit dieses Systems war ein großer Fortschritt gegenüber den römischen Zeichen, die in Europa damals immer noch in Gebrauch waren. Erst 1202 führte Fibonacci mit seinem lateinischen *Liber Abaci* dieses Ziffernsystem in Europa ein (siehe S. 57), und bis heute verwenden wir die »arabischen« Ziffern 0 bis 9.

UM **2700** V. CHR.

MATHEMATIKER:
Die Sumerer

ERGEBNIS:
Viele Zahlen, die wir heute verwenden, stammen ursprünglich aus dem alten Zahlensystem der Sumerer.

WARUM HAT EINE MINUTE 60 SEKUNDEN?

DAS SUMERISCHE SEXAGESIMALSYSTEM

Unsere Welt ist dezimal, mit lauter runden Zehnern, Hundertern, Tausendern und Millionen. Warum aber sind so viele unserer Basiseinheiten – die Stunden des Tages, die Minuten in einer Stunde, die Gradeinteilung von Winkeln – auf Zahlen aufgebaut, die sich durch sechs teilen lassen, wie 12, 60 oder 360? Ist das nur ein Relikt aus alten Zeiten, oder steckt noch mehr dahinter?

Keilförmige Zahlen

Das Sexagesimalsystem (Zahlensystem zur Basis 60) wurde vor 4000 bis 5000 Jahren von den Sumerern in Mesopotamien, im heutigen Irak, entwickelt. Die sumerische Mathematik war wohl die am weitesten fortgeschrittene des Altertums. Auch andere Kulturen hatten sich wahrscheinlich schon mit dem Zählen vertraut gemacht, aber die Sumerer kennen wir, weil sie ihre Berechnungen auf Stein festhielten – besser: auf Tontafeln.

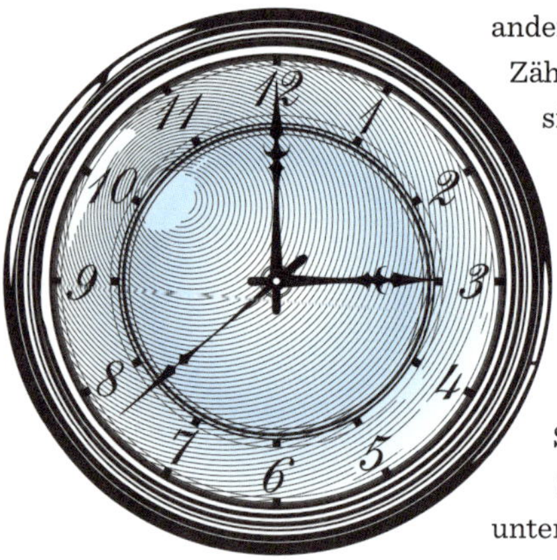

Die Sumerer entwickelten eine der ersten Schriften. Um Sprache und Mathematik aufzuzeichnen, drückten sie mit einem Stäbchen keilförmige Zeichen in weiche Tontafeln, die erhalten blieben, wenn die Tafeln trockneten und fest wurden. Aufgrund ihrer Form heißt diese Schrift »Keilschrift«.

Zahlen werden durch einfache Kombinationen von nach unten und in andere Richtungen zeigenden Keilspitzen dargestellt. Eine einzelne Spitze nach unten ist eins, zwei Spitzen sind zwei, drei Spitzen sind drei und so weiter. Aber je nach Zusammenhang kann ein Keil 1, 60 oder 3600 bedeuten. Zahlen dazwischen wurden als Vielfache von 60 dargestellt. Eine 124 wären dann zwei 60er-Keile und vier Einser-Zeichen.

Warum ausgerechnet 60?

Das System erinnert ein wenig an die römischen Ziffern, basiert aber auf 60, nicht auf 10. Warum? Die Mathematiker haben viele Theorien dafür, aber keine eindeutige Antwort. Im 4. Jahrhundert v. Chr. meinte Theon von Alexandria, die 60 sei die kleinste Zahl, die durch eins, zwei, drei, vier und fünf teilbar ist – die Anzahl der Teiler ist also maximal. Aber es gibt auch andere Zahlen mit vielen Teilern.

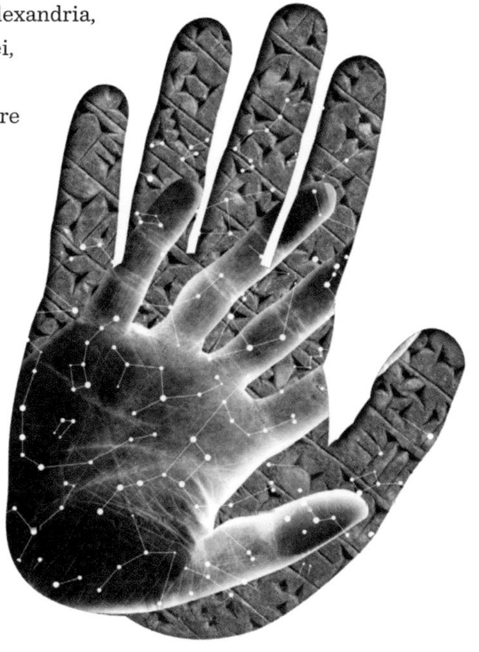

Der 1990 verstorbene Wissenschaftshistoriker Otto Neugebauer vertrat die These, das System basiere auf den sumerischen Maßen und Gewichten – 60 erlaubt die Einteilung in Drittel, Halbe, Viertel und Fünftel. Andere sagten hingegen, das Zahlensystem habe diese Maße erst hervorgebracht.

Einige Wissenschaftler behaupten, die Antwort läge in den Sternen. Die Sumerer waren geübte Sterngucker, sie suchten nach Mustern am Himmel und erfanden Namen für Sternbilder. Sie machten die Sterne zur Grundlage ihres Kalenders, denn Sterne bewegen sich jede Nacht ein Stück weiter, bis sie nach einem Jahr wieder an derselben Stelle stehen. Auf diese Weise erkannten die Sumerer, dass das Jahr 365 Tage lang ist. Diese Zahl, so die Meinung des deutschen Mathematikhistorikers Moritz Cantor im 19. Jahrhundert, verkürzten die Sumerer auf 360. Geteilt durch sechs (es ist leicht, einen Kreis zu sechsteln), führt das zur Basis 60. Das klingt plausibel – ein Jahr mit 360 Tagen lässt sich gut in 12 Monate von 30 Tagen teilen – und würde erklären, warum wir heute noch einen Kreis in 360 Grad einteilen.

Der Astronom Hypsikles von Alexandria, der im 2. Jahrhundert v. Chr. ein Kalender-Rechenproblem löste, übertrug diese Einteilung des Himmelsäquators bei Erfindung des Tierkreises auf die Ekliptik und verallgemeinerte sie für alle Kreise der Geometrie.

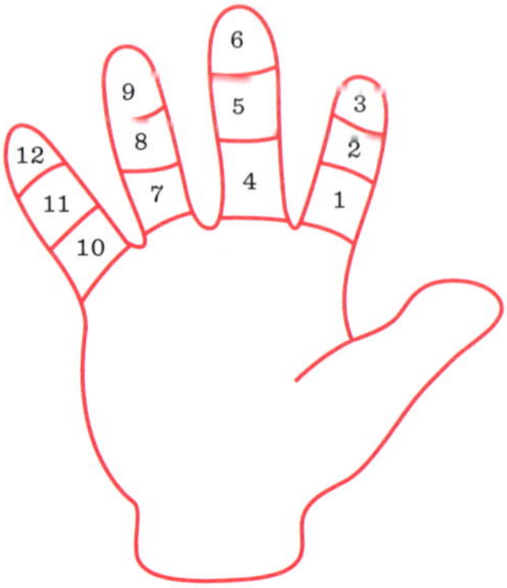

Sicherlich geht die 60 auf das Zählen mit den Fingern zurück: Man kann an einer Hand mit dem Daumen die je drei Glieder der anderen Finger zählen – insgesamt 12. Für jede 12 streckte man einen Finger an der anderen Hand, hat also fünfmal 12, also 60. Wenn man das einmal verstanden hat, ist es ganz leicht.

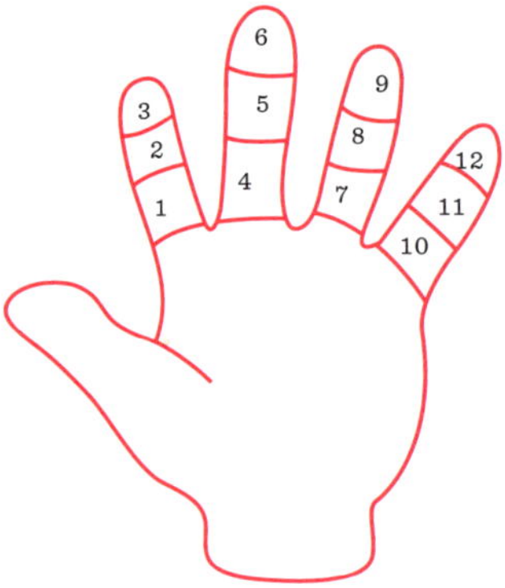

Die Vorteile, zur Basis 60 zu rechnen

Wie auch immer es dazu kam: 60 ist durch so viele Zahlen teilbar, dass die Sumerer damit eine gute Grundlage für die Entwicklung ihres mathematischen Systems hatten. Im Jahr 2017 behauptete eine Gruppe australischer Mathematiker um Daniel Mansfield, sie hätten den Code der babylonischen Tafel Plimpton 322 geknackt. Diese Tafel ist 3800 Jahre alt, sie wurde vor einem Jahrhundert von Edgar J. Banks, einem wahren »Indiana Jones«, im Irak gefunden und an den Verleger George Plimpton verkauft, der sie der Columbia University vermachte.

Auf der Tafel ist eine komplizierte Zahlentabelle in babylonischer Keilschrift zu sehen. Mansfield und seine Kollegen behaupten, es handele sich dabei nicht nur um eine uralte trigonometrische Tabelle, sondern sie sei wegen der Teilbarkeit von Zahlen zur Basis 60 auch noch genauer als eine moderne Dezimaltabelle, denn 60 ist teilbar durch drei, 10 hingegen nicht. Man kann zur Basis 10 zwar die Brüche 1/2, 1/4 und 1/5 schreiben (0,5, 0,25 und 0,2), aber 1/3 ist 0,3333, ein nie abbrechender Dezimalbruch und damit immer ungenau.

Ob Mansfields These korrekt ist, wird noch diskutiert. Aber er hat sicherlich die Vorteile von 60 als Zahlenbasis herausgearbeitet. Heute haben wir uns an das Dezimalsystem zur Basis 10 gewöhnt: Man kann einfach die Stellen verschieben, wenn man mit 10 malnimmt oder durch 10 teilt, und Dezimalbrüche erlauben alle Arten von Rechnungen. Aber bei Brüchen, wie sie etwa beim Rechnen mit der Uhrzeit auftreten, hat die 60 ihre Vorzüge – so große, dass das System die Jahrtausende überdauert hat, während andere kamen und gingen. Kaum jemand will einen Tag, der in 10 Stunden, und eine Stunde, die in 10 Minuten eingeteilt ist. Die Zeiteinteilung ist zur Basis 60 viel einfacher!

DIE QUADRATUR DES KREISES

WIE DIE GRIECHEN MIT DEN IRRATIONALEN ZAHLEN HADERTEN

UM 1650 V. CHR.

MATHEMATIKER:
Die alten Ägypter, Griechen der Antike

ERGEBNIS:
Pi (π) ist eine transzendente Zahl, die Quadratur des Kreises ist unmöglich.

Eine der größten Herausforderungen, der sich die antiken Mathematiker stellen mussten, war die Quadratur des Kreises. Die Fragestellung: Kann man nur mit Zirkel und Lineal ein Quadrat konstruieren, das dieselbe Fläche hat wie ein gegebener Kreis? Im Kern liegt die Lösung darin, einen exakten Wert für π (Pi) zu finden, also das Verhältnis vom Umfang eines Kreises zu seinem Durchmesser. Ein Kreis mit dem Radius einer Einheit – beispielsweise 1 mm oder 1 km – hat die Fläche πr^2 oder π Quadrateinheiten. Das Quadrat mit derselben Fläche hat die Seitenlänge von Wurzel aus π, näherungsweise 1,772 Einheiten.

Dieses Problem wird in dem ägyptischen *Papyrus Rhind* (siehe S. 24) behandelt, in dem ein ungefährer Wert für die Fläche eines kreisrunden Feldes berechnet wird. Man soll dazu vom Durchmesser 1/9 kürzen, dann erhält man die Seitenlänge des gleich großen Quadrats. Das ergibt einen Schätzwert für π von 256/81 oder 3,16049 – ziemlich dicht an dem heutigen Wert von 3,14159. Dennoch ist es keine echte Quadratur des Kreises. Dieses Problem gingen erst die Griechen richtig an.

Schätzwerte für π

Der erste Grieche, der sich nachweislich mit der Quadratur des Kreises befasste, war Anaxagoras, während er um 440 v. Chr. in einem Athener Gefängnis saß. Einige Jahre später zeichnete Antiphon ein Quadrat im Inneren eines Kreises, konstruierte daraus ein Achteck, dann ein 16-Eck und so fort, bis die Fläche des Vielecks – die er berechnen konnte – nahezu mit der des Kreises übereinstimmte.

Zeitgleich konstruierte Hippokrates von Chios (nicht zu verwechseln mit dem Arzt Hippokrates von Kos) Halbkreise über

Möndchen

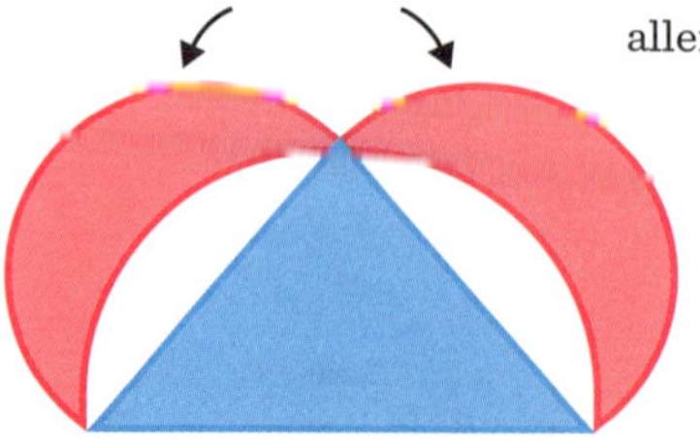

allen drei Seiten eines gleichschenkligen rechtwinkligen Dreiecks und zeigte, dass die Summe der beiden »Möndchen« (die mondsichelförmigen Flächen, die durch zwei überlappende Kreise begrenzt werden) genauso groß sind wie die Dreiecksfläche. Nun blieb nur noch, ein Quadrat mit demselben Flächeninhalt wie das Dreieck zu konstruieren – aber das gelang ihm nicht.

Hippokrates' Methode

Ist es unmöglich?

Über Jahrhunderte haben sich Mathematiker vergeblich an diesem Problem versucht, bis die »Quadratur des Kreises« zum Sinnbild für etwas ganz und gar Unmögliches wurde. Der britische Mathematiker Charles Lutwidge Dodgson – bekannt auch unter dem Pseudonym Lewis Carroll, Autor von *Alice im Wunderland* – beschäftigte sich besonders gern damit, Theorien zur Quadratur des Kreises zu widerlegen, und wollte sogar ein Buch über »Klare Fakten für Kreisquadrierer« schreiben.

Um den Kreis zu quadrieren, muss man eine Strecke der Länge $\sqrt{\pi}$ (Wurzel aus Pi) konstruieren. 1837 wurde bewiesen, dass es möglich ist, bestimmte Längen zu konstruieren, wenn es sich um ganze Zahlen oder rationale Zahlen wie 3/5 handelt. Es ist selbst bei manchen irrationalen Zahlen möglich, also solchen, die sich nicht als Bruch aus zwei ganzen Zahlen schreiben lassen. So sind 3/5 oder 1001/799 rational, aber die Wurzel aus 2 ist irrational. Wir können sie als 1,4142135623731 schreiben. Doch diesen Wert erhält man nicht, indem man eine ganze Zahl durch eine andere teilt. Zudem gibt es keine Wiederholungen der Nachkommastellen – anders als beispielsweise 1/7 oder 0,142857 142857 142857 ... Die Wurzel aus 2 lässt sich aber, obwohl sie irrational ist, als Lösung einer Gleichung mit ganzzahligen Koeffizienten schreiben: $x^2 = 2$. Daher nennt man sie eine algebraische Zahl. Linien mit der Länge einer algebraischen Zahl kann man konstruieren.

Transzendente Zahlen

Leider ist π nicht nur irrational, sondern auch transzendent, das heißt, man kann diese Zahl nicht mithilfe einer Gleichung berechnen. Dies bewies 1882 der deutsche Mathematiker

Ferdinand von Lindemann. Es ist also auch nicht möglich, eine Strecke der Länge π (oder der Wurzel daraus) zu konstruieren.

Fast alle reellen Zahlen sind transzendent, es ist allerdings unglaublich schwer zu zeigen, dass eine ganz bestimmte Zahl transzendent ist. Außerdem gibt es in der modernen mathematischen Forschung wichtige Zahlen, von denen bis heute nicht klar ist, ob sie algebraisch oder transzendent sind. Um ihre Transzendenz zu zeigen, muss man beweisen, dass die Zahl nicht die Lösung einer beliebigen algebraischen Gleichung ist. Angesichts dieser kaum praktikablen Definition werden nur wenige dieser Zahlen in der Mathematik auch angewandt.

In der Zahlentheorie werden Lindemanns Ergebnisse oft mit denen seines Zeitgenossen Karl Weierstraß zum sogenannten Satz von Lindemann-Weierstraß zusammengefasst. Der Satz gibt nach komplizierten Beweisen eine Methode an, mit der bewiesen werden kann, dass Zahlen transzendent sind. Aus dem Satz folgt direkt, dass die Zahlen π und e (Euler'sche Zahl, siehe S. 80) beide transzendent sind, und das sind die bei Weitem meistverwendeten transzendenten Zahlen.

Durch den Beweis der Transzendenz von π zeigte der Satz von Lindemann-Weierstraß zugleich, dass eine Strecke der Länge $\sqrt{\pi}$ nicht (mit Zirkel und Lineal) konstruierbar ist. Damit löste dieser Satz aus der Zahlentheorie des 19. Jahrhunderts zugleich das Tausende Jahre alte geometrische Problem: Der Kreis kann tatsächlich nicht quadriert werden.

UM 1500 V. CHR.

MATHEMATIKER:
Die alten Ägypter

ERGEBNIS:
Ein Zufallsfund gewährte uns Einblick in die altägyptische Mathematik.

WAS MACHT EINEN BRUCH »ÄGYPTISCH«?

DER *PAPYRUS RHIND* UND DIE ÄGYPTISCHE MATHEMATIK

1858 erwarb der junge schottische Ägyptologe Alexander Rhind in Luxor eine uralte Papyrusrolle, die wohl illegal ausgegraben worden war. Als Rhind fünf Jahre später starb, ging die Rolle an das British Museum in London. Das heute als *Papyrus Rhind* bezeichnete Stück stellte sich als einer der ältesten überlieferten mathematischen Texte heraus. Die Schrift wurde um 1550 v. Chr. von einem Schreiber namens Ahmose erstellt, als er einen noch älteren Text kopierte. Wenn man ihn erst einmal entziffert hat, liest sich der Papyrus wie ein Schulbuch mit 84 Aufgaben. Er enthält drei Teile: Der erste behandelt Arithmetik und Algebra, der zweite Geometrie, der dritte Vermischtes. Bemerkenswerterweise zeigt der Papyrus, dass die Ägypter ein Dezimalsystem hatten, was uns heute ja sehr vertraut ist.

Ägyptische Brüche

Bei den Brüchen gibt es einen so faszinierenden Unterschied, dass die sogenannten ägyptischen Brüche ein Thema der modernen Zahlentheorie geworden sind. Bei diesen Brüchen ist der Zähler immer gleich 1 (außer bei 2/3). Für die Darstellung von 5/8 würden Ägypter also die Summe 1/2 + 1/8 schreiben. Heute gilt jeder Bruch, der als Summe von Einserbrüchen geschrieben wird, als ägyptischer Bruch.

Praktisch einsetzbar ist das zum Beispiel, wenn sich acht Personen fünf Pizzas teilen. Nach der konventionellen Bruchrechnung bekommt jeder 5/8 einer jeden Pizza. Doch wie schneidet man das? Mit ägyptischen Brüchen wird es ganz einfach: Hier wird 5/8 als 1/2 + 1/8 dargestellt. Damit ist das Pizzaproblem gelöst: Man halbiert vier der Pizzas, die letzte wird geachtelt. So bekommt jeder 1/2 + 1/8, einfacher geht's nicht.

Für Zahlentheoretiker besitzen ägyptische Brüche aber noch eine Reihe weiterer sehr interessanter Eigenschaften. Erstens kann man jeden Bruch kleiner eins auf diese Weise darstellen. Zweitens lässt sich jeder gewöhnliche Bruch in eine unendlich große Anzahl ägyptischer Brüche zerlegen: 3/4 = 1/2 + 1/8 + 1/12 + 1/48 + 1/72 + 1/144 und so weiter.

Raffinierte Mathematik

Je weiter sich moderne Zahlentheoretiker in den *Papyrus Rhind* vertieften, desto klarer erkannten sie den Scharfsinn der ägyptischen Mathematiker. Ihre Multiplikation etwa bestand aus wiederholten Verdoppelungen und wies eine bemerkenswerte Ähnlichkeit mit der binären Rechenweise auf, der Grundlage der Computertechnik. Lange vor Archimedes hatten sie einen Wert für die Kreisfläche bestimmt, zwar auf eine recht brachiale Art, aber mit sehr brauchbaren Ergebnissen. Dabei benutzten sie einen Wert für π, der nur knapp ein halbes Prozent von unserem modernen Wert abweicht (siehe S. 21).

Das bedeutet zwar nicht, dass im alten Ägypten nur Mathematikgenies am Werk waren, aber es führt vor Augen, wie leicht man allgemein in seinen Denkgewohnheiten gefangen bleibt. Ein anderer Ansatz kann durchaus zu neuen Erkenntnissen führen.

UM 530 V. CHR.

MATHEMATIKER:
Pythagoras

ERGEBNIS:
Die Vorstellung, dass Mathematik Aussagen beweisen muss, geht auf Pythagoras und den berühmten gleichnamigen Satz zurück.

DER BEWEIS

DER SATZ DES PYTHAGORAS

Er ist wohl der berühmteste mathematische Satz überhaupt: der Satz des Pythagoras. Schon in der Schule lernen wir den Wortlaut auswendig: »In einem rechtwinkligen Dreieck ist das Quadrat über der Hypotenuse gleich der Summe der Quadrate über den beiden Katheten.« Die Hypotenuse ist die längste Seite, gegenüber dem rechten Winkel.

Ob »Pythagoras« der Name eines Menschen oder einer Sekte war, ist nicht sicher. Den Satz des Pythagoras fanden jedenfalls nicht die Philosophen dieser Zeit, sondern er war bereits seit tausend Jahren bekannt. Tontafeln zeigen, dass er schon in Sumer und im alten Ägypten angewandt wurde. Ebenso ist er aus dem alten China überliefert wie auch aus altindischen Texten, die um 600 v. Chr. entstanden.

Am Anfang war der Beweis

Der Beweis des Satzes aber stammt tatsächlich aus der Schule von Pythagoras. Es war vermutlich nicht der erste Beweis – und seither wurden zahllose weitere erbracht, mehr als für jeden anderen mathematischen Satz. Doch der Beweis von Pythagoras überdauerte, und mit ihm auch das Konzept, dass man Aussagen beweisen muss. Der Beweis als Methode ist zum Kern(problem) der Mathematik geworden. Die Suche danach kann Jahrhunderte dauern, wie im Fall der Fermat'schen Vermutung (siehe S. 165).

Soweit wir wissen, war Pythagoras ein Freigeist, der eine Art Kommune auf Sizilien gründete. Seine Jünger mussten einige seltsame Regeln einhalten: Sie durften keine weiße Federn berühren und nicht im Sonnenschein »Wasser lassen«. Es war außerdem verboten, Hülsenfrüchte wie Bohnen zu essen. Die Schule von Pythagoras suchte beständig nach der mathematischen Schönheit in der Natur. Die Gelehrten wollten wissen, wie musikalische Klänge entstehen, und entdeckten, dass es zwischen verschiedenen Tonhöhen einen berechenbaren Zusammenhang gibt. Die Pythagoräer glaubten sogar, dass sich die Bewegung der Sterne und Planeten mit einer bestimmten Tonhöhe beschreiben ließe.

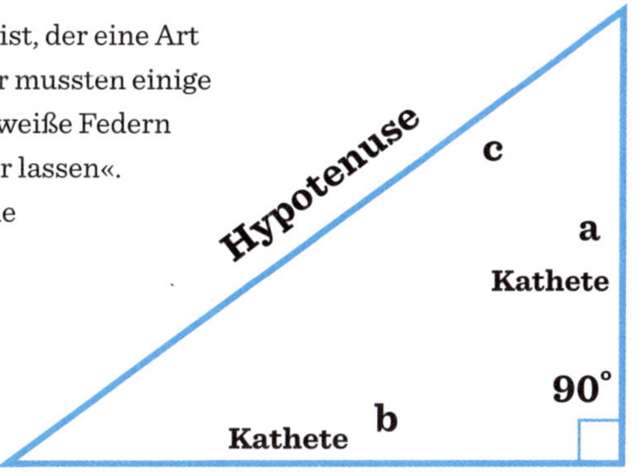

Die Suche nach mathematischen Mustern in der Welt führte die Gelehrten auch zu Quadraten. Spielerisch ordneten sie Steinchen zu regelmäßigen Mustern an. Kiesel in gleich langen Reihen ergaben ein Quadrat – vielleicht 2 · 2 oder 3 · 3 Steine. Die Anzahl der Kiesel in einem Quadrat ist darum die Quadratzahl der Anzahl der Kiesel jeder Seite: 2 · 2 = 4, 3 · 3 = 9.

Das Ordnen der Formen

Möglicherweise kamen die Gelehrten der Schule von Pythagoras auf den Beweis zu rechtwinkligen Dreiecken, als sie auf dieselbe Art mit Formen experimentierten wie zuvor mit Kieseln. Der Pythagoras-Beweis wird oft als ein »Umordnungsbeweis« bezeichnet, um ihn von anderen Beweisideen zu unterscheiden. Dafür zeichnet man in ein Quadrat ein gekipptes Quadrat, sodass die Ecken die Kanten des äußeren Quadrats berühren. In den Ecken des äußeren Quadrats sind nun vier rechtwinklige Dreiecke, deren Hypotenusen das innere Quadrat bilden.

Nun legt man je zwei Dreiecke an den Hypotenusen aneinander und erhält zwei Rechtecke. Wenn man mit diesen Rechtecken das Ausgangsquadrat abdeckt, bleiben zwei kleine Quadrate übrig. Da sich der Flächeninhalt der Rechtecke nicht geändert hat, muss das gekippte Quadrat aus der ersten Anordnung genauso groß sein wie die beiden kleinen Quadrate in der zweiten Anordnung. Anders gesagt: Das gekippte Quadrat vom

Anfang ist das Hypotenusenquadrat, und es ist genauso groß wie die Quadrate in der zweiten Anordnung, also die Quadrate der beiden anderen Seiten (Katheten).

Euklids Beweis für den Satz des Pythagoras

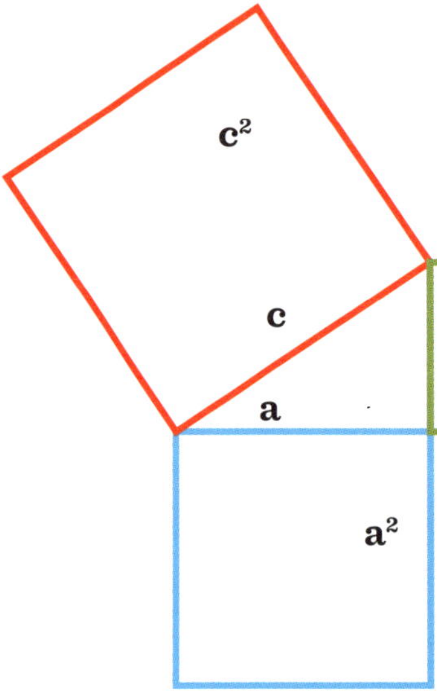

$a^2 + b^2 = c^2$

Nachhaltige Wirkung

Pythagoras' Satz war nicht nur einfach, sondern auch unwiderlegbar. Doch die Mathematiker der folgenden Generationen wollten Beweise, keine Umordnungsspielereien. In seinem Grundlagenwerk zur Arithmetik und Geometrie, *Die Elemente,* formulierte Euklid um 300 v. Chr. einen raffinierten Nachweis, der auf geometrischer Logik basierte. Er zeichnete über jeder Seite eines rechtwinkligen Dreiecks ein Quadrat. Dann konstruierte er kongruente (deckungsgleiche) Dreiecke zwischen den Ecken der Quadrate und den Dreiecken. In einer Reihe von Zwischenschritten konnte er zeigen, dass der Satz des Pythagoras korrekt sein musste. Euklids Beleg wurde zur Vorlage für geometrische Beweise aller Art. In neuerer Zeit bewies auch Einstein den Satz mit zerteilten Dreiecken, allerdings ohne jede Umordnung. Zudem haben andere Mathematiker vollständige algebraische Beweise vorgelegt.

Der Satz führte auch zur Entdeckung irrationaler Zahlen, also von Zahlen, die sich nicht als Brüche schreiben lassen. Ein rechtwinkliges Dreieck mit zwei gleichen Seiten der Länge »1« hat eine Hypotenuse der Länge $\sqrt{2}$ (Quadratwurzel). Diese Entdeckung widersprach der Lehre der Pythagoräer, die glaubten, alle Zahlen müssten rational (als Brüche darstellbar) sein. Der Legende nach wurde der Pythagoräer Hippasos, der den Beweis geführt haben soll, dass $\sqrt{2}$ irrational ist, dafür ertränkt.

Jenseits der Mathematik werden rechtwinklige Dreiecke eingesetzt, um die Steigung von Hängen oder Dachneigungen zu berechnen oder auch um sicherzugehen, dass zwei Wände im rechten Winkel aufeinandertreffen. Der simpel erscheinende Satz des Pythagoras ist einer der wichtigsten der Mathematik und bietet eine Fülle von Anwendungsmöglichkeiten.

DIE IDEE DER UNENDLICHKEIT

DIE MATHEMATIK DES SEHR GROSSEN UND DES SEHR KLEINEN

UM 400 V. CHR.

MATHEMATIKER:
Griechen der Antike

ERGEBNIS:
Schon die Griechen der Antike kannten das Konzept der Unendlichkeit. Erst spätere Forscher fanden heraus, dass alles noch komplexer ist als gedacht.

Die Idee des Unendlichen ist nur schwer fassbar. Wie können wir als Wesen mit begrenzter Lebenszeit, gewöhnt an den Umgang mit konkreten, endlichen Dingen, uns mit der Vorstellung anfreunden, etwas würde für immer andauern?

Die Griechen und die Unendlichkeit

Auch die griechischen Mathematiker der Antike hatten Schwierigkeiten mit dieser Vorstellung. Euklid bewies, dass es unendlich viele Primzahlen gibt. Und Aristoteles zufolge dauert die Zeit endlos fort. Die Griechen sprachen von *apeiron*, »ohne Grenze« oder »endlos« – zogen es allerdings vor, mit (kleinen) ganzen Zahlen zu arbeiten.

Der Philosoph Zenon von Elea befasste sich im 5. Jahrhundert v. Chr. mit einigen sogenannten Trugschlüssen. Der bekannteste davon handelt von Achilles und der Schildkröte: Achilles, ein berühmter Krieger der griechischen Mythologie, macht einen Wettlauf mit einer Schildkröte. Beim 100-m-Lauf gibt er der Schildkröte einen Vorsprung von 50 m. Das Rennen beginnt, Achilles läuft blitzschnell los. In fünf Sekunden ist er 50 m gelaufen und erreicht den Startpunkt der Schildkröte. Die Schildkröte ist auch losgerannt (oder vielmehr losgewatschelt) und vielleicht einen halben Meter weit gekommen – hat also einen halben Meter Vorsprung.

Achilles rennt diese Strecke in 0,05 Sekunden, aber wieder ist die Schildkröte weiter, vielleicht 5 mm, und hat immer noch einen Vorsprung. Jedes Mal, wenn Achilles dort ankommt, wo die Schildkröte war, ist sie etwas weitergelaufen. Das geht unendlich so weiter: Bei jedem Einholen wird der Vorsprung kleiner, aber Achilles kann die Schildkröte nicht erreichen.

Sind alle Unendlichkeiten gleich?

Über 1500 Jahre später dachte der italienische Universalgelehrte Galileo Galilei über die Größen von Unendlichkeiten nach. Sind sie alle gleich oder gibt es Unterschiede? So hat jede natürliche Zahl ein Quadrat: $1^2 = 1$, $2^2 = 4$, $3^2 = 9$ und so fort. Die meisten Zahlen sind aber keine Quadrate (z. B. 2, 3, 5, 6, 7 ...), es gibt also mehr natürliche Zahlen als Quadratzahlen. Obwohl es von beiden unendlich viele gibt, sollte die Unendlichkeit der natürlichen Zahlen größer sein als die der Quadratzahlen. Doch zugleich ist jede natürliche Zahl die Wurzel einer Quadratzahl, man kann also jede natürliche Zahl mit einer Quadratzahl paaren. Wenn es aber eine eindeutige Zuordnung von ganzen Zahlen und Quadratzahlen gibt, sind diese beiden Unendlichkeiten gleich groß. Das bezeichnet man als »Galileis Paradoxon«. Galilei schloss daraus, dass Eigenschaften wie »gleich groß«, »größer« und »kleiner« nur für endliche Größen gelten.

Die Größen der Unendlichkeit

Der deutsche Mathematiker Georg Cantor ging in der zweiten Hälfte des 19. Jahrhunderts noch einen Schritt weiter und definierte verschiedene Größen der Unendlichkeit.

Es gibt beispielsweise eine Menge aller natürlichen Zahlen: 1, 2, 3, 4 und so weiter. Und es gibt die Menge aller geraden Zahlen: 2, 4, 6, 8 ... Die geraden Zahlen stehen in einem 1:1-Verhältnis mit den ganzen Zahlen: $2 \rightarrow 1$, $4 \rightarrow 2$, $6 \rightarrow 3$, $8 \rightarrow 4$ – die geraden Zahlen sind »abzählbar«. Damit sind die Unendlichkeit der geraden, der ungeraden oder der natürlichen Zahlen gleich (»gleichmächtig«). Betrachten wir nun alle reellen Zahlen aus den Ziffern 0 und 1, etwa 1,0, 1,1, 1,01, 1,001, 1,0001. Cantor zeigte, dass diese reellen Zahlen nicht abzählbar sind. Die Menge der reellen Zahlen ist also größer als die Menge der ganzen Zahlen. So entstand die Idee, es könnte verschiedene Größen für unendliche Mengen geben. Das scheint offensichtlich, da es schon zwischen 1 und 2 unendlich viele reelle Zahlen gibt. Doch Cantor gelang es, dies auch zu beweisen.

Anwendungen der Unendlichkeit

Der Begriff des »Unendlichen« ist nur schwer vorstellbar und noch schwerer zu beschreiben. Und doch gelang es Wissenschaftlern, sich ihm anzunähern. Der deutsche Mathematiker Leopold Kronecker monierte allerdings im 19. Jahrhundert, das Konzept sei zu vage, um in der Mathematik diskutiert zu werden.

Koch-Schneeflocke

Die Integral- und Differenzialrechnung etwa behandelt »Infinitesimalzahlen« – unendlich kleine Einheiten beispielsweise der Zeit. Mit einem unendlich teilbaren Kontinuum kann man nur arbeiten, indem man einen Grenzbereich festlegt und annimmt, dass sich der gesuchte Wert darin befindet. In gleicher Weise wird die Struktur eines Fraktals in immer kleineren Details wiederholt, wenn man es vergrößert – wie im Fall der »Koch-Schneeflocke« (1904) des schwedischen Mathematikers Helge von Koch. Die Sequenz erstreckt sich bis ins Unendliche, und kleine Strukturen verschwinden angesichts der Grenzen der Bildauflösung.

Gerade weil das Konzept schwer fassbar ist, blieb die Unendlichkeit im Fokus mathematischen Denkens: Man wollte damit unter anderem klären, ob bestimmte Aussagen generell beweisbar sind oder nicht. Als Folge der »Unvollständigkeitssätze« von Kurt Gödel (siehe S. 142) müssen wir aber davon ausgehen, dass in der Mathematik nicht alles bewiesen werden kann. Gleichwohl stellte David Hilbert 1924 sein berühmtes »Hotelparadox« auf: Das Hilbert'sche Hotel hat unendlich viele Zimmer, alle sind belegt. Mithilfe einer Reihe von Beweisen konnte Hilbert zweifelsfrei zeigen, dass man unendlich viele Gäste unterbringen kann. Intuitiv klingt es unsinnig, es ist ein Paradoxon der Unendlichkeit. Wie kann man in einem voll belegten Hotel noch Platz finden? Es zeigt letztlich, dass Intuition und gesunder Menschenverstand völlig falsch liegen können.

2. KAPITEL Probleme und Lösungen: 399 v. Chr – 628

Die Griechen der Antike waren fasziniert von der Idee einer reinen Mathematik. Das galt besonders für die Geometrie und ihre Diagramme, die mit Zirkel und Lineal konstruiert werden. Doch sie wandten sich auch spezielleren praktischen Problemen zu und versuchten, diese mithilfe des bereits erworbenen mathematischen Wissens zu lösen.

Einer der bedeutendsten griechischen Gelehrten war Archimedes. Er besaß eine außerordentliche Fülle an Talenten, von der theoretischen Mathematik bis hin zur Physik und zum Maschinenbau. Andere folgten ihm nach, die nicht nur unser Verständnis der Welt erweiterten, sondern sie auch nach ihren Vorstellungen formten.

UM 300 V. CHR.

MATHEMATIKER:
Euklid

ERGEBNIS:
Euklids Sammlung mathematischer Sätze und Beweise war so klar und logisch, dass sie über 2000 Jahre lang als Lehrbuch der Geometrie verwendet wurde.

EINE FRAGE DER LOGIK

DIE ELEMENTE DES EUKLID

Euklid schrieb seine *Elemente* vor rund 2300 Jahren. Dieses großartige Buch galt lange als das meistgelesene Werk nach der Bibel. Eigentlich ist es nur ein Lehrbuch – aber was für eins!

Vom Nutzen logischer Schlüsse

Es ist eine Abhandlung über Geometrie, befasst sich also mit der Mathematik der Körper im Raum. Es war nicht das erste Buch dieser Art, aber es ist so vollständig und methodisch fundiert, dass es eine dauerhafte Grundlage bildete. Noch heute heißt die Geometrie der Ebene mit Dreiecken, Quadraten, Kreisen oder Parallelen »euklidische Geometrie«.

Doch es war nicht nur ein gutes Lehrbuch. *Die Elemente* stellten einen neuen Denkansatz vor: Euklid zufolge ist die Welt nicht einfach den Launen der Götter ausgeliefert, sondern folgt den Naturgesetzen. Er zeigte, dass der Mensch die Wahrheit durch logische Schlüsse und Beweise finden kann, nicht allein durch Intuition. Die Art, in der Euklid Theorien und Beweise einführte, prägte die Naturwissenschaft dauerhaft. Seine Arbeit ist der Höhepunkt der jahrhundertelangen intellektuellen Bemühungen griechischer Denker, die bis zu Thales von Milet zurückreichen. Doch erst Euklid fügte all das mit Kraft und Präzision zusammen.

Über den Gelehrten selbst ist nicht viel bekannt. Vielleicht handelte es sich wie bei Pythagoras um eine Gruppe von Mathematikern in Alexandria, der von Alexander dem Großen gegründeten ägyptischen Stadt. Mit der berühmten Bibliothek von Ptolemaios I., dem ersten griechischen König, wurde sie zu einem Zentrum der Gelehrsamkeit.

Angewandte Mathematik und ewige Weisheiten

Zur Zeit Euklids war die Geometrie schon ein hoch entwickeltes Gebiet, man nutzte sie etwa um Landflächen zu berechnen oder perfekte Pyramiden zu bauen. Doch Euklid und seine Mitstreiter entwickelten diese praktischen Techniken zu einem theoretischen System weiter und verwandelten »angewandte« in »reine« Mathematik.

Dabei handelte es sich nicht nur um ein akademisches Problem. Die Denkweise der Griechen lieferte ein Werkzeug, um zu grundlegenderen Erkenntnissen vorzustoßen: Wenn etwas für Dreiecke in einem bestimmten Fall galt, dann war es auch in einem anderen gültig. Als Thales von Milet nach Ägypten ging, beeindruckte er die Ägypter damit, dass man mit dem »Ähnlichkeitssatz« von Dreiecken sowohl die Höhe der Pyramiden als auch die Entfernung von Schiffen auf See bestimmen konnte.

Die Griechen entfesselten die Kraft der Mathematik also, indem sie dieser eine logische Struktur zugrunde legten: Euklid zufolge ließen sich Regeln logisch aus bestimmten Annahmen ableiten und auch beweisen: »Eine gerade Linie ist die kürzeste Verbindung zwischen zwei Punkten.« Mehrere Postulate dieser Art können zusammen die Grundlage für Regeln oder Sätze (Axiome) bilden, die man dann beweisen oder widerlegen muss.

Das Herzstück der euklidischen *Elemente* sind die folgenden fünf Axiome:

1. Eine Linie kann zwischen zwei gegebenen Punkten gezogen werden.
2. Eine solche Linie lässt sich in beide Richungen unendlich verlängern.
3. Einen Kreis kann man mit jedem Radius und um jeden gegebenen Punkt schlagen.
4. Alle rechten Winkel sind gleich.
5. Wenn eine Linie zwei andere Linien kreuzt, sodass die innen liegenden Winkel zusammen weniger als zwei rechte Winkel sind, dann müssen sich die beiden gekreuzten Linien irgendwann treffen (Parallelenaxiom).

Euklids fünftes Axiom

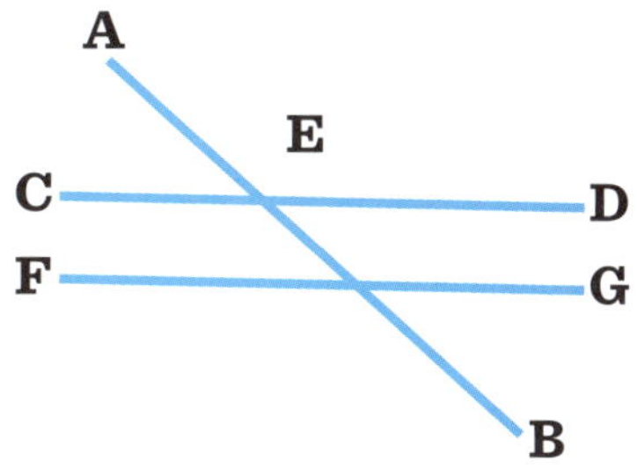

In der Mathematik ist es sehr wichtig, für alles unbestreitbare Regeln festzulegen. Nur so lassen sich Vermutungen Schritt für Schritt logisch beweisen. Die ersten vier der oben genannten Axiome sind unmittelbar einsichtig, nur das fünfte muss etwas genauer betrachtet werden.

Das Problem mit dem fünften Axiom

Das fünfte Axiom oder Parallelenaxiom ist weniger einleuchtend als die anderen. Ihm liegt folgende Idee zugrunde: Wenn eine Linie zwei andere Linien kreuzt, sodass die inneren Winkel auf derselben Seite zusammen zwei rechte Winkel ergeben, dann müssen die beiden gekreuzten Linien parallel sein. Dieses Axiom ist Grundlage aller einfachen geometrischen Konstruktionen, mit zahllosen praktischen Anwendungen, beispielsweise beim Bau von Eisenbahngleisen.

Doch Euklid hatte Zweifel an diesem Satz. Zwar funktioniert seine Geometrie tadellos für ebene Flächen und die meisten Alltagssituationen. Aber die Erdoberfläche ist nicht eben, und wie wir heute wissen, ist der Raum im Allgemeinen gekrümmt. Er hat mehr als drei Dimensionen – und eine davon ist die Zeit.

Euklids Parallelenaxiom bedeutet, dass man zu einer gegebenen Linie durch einen gegebenen Punkt nur eine einzige andere Parallele zeichnen kann. Wenn aber der Raum gekrümmt und mehrdimensional ist, dann gibt es mehrere Parallelen. Das ist der Hintergrund der »hyperbolischen« Geometrie, die Mathematiker wie János Bolyai und Bernhard Riemann, Schüler des bedeutenden Mathematikers Carl Friedrich Gauß, im 19. Jahrhundert entwickelten.

Ähnlich ist es bei den Innenwinkeln eines Dreiecks: Bei Euklid ergeben sie zusammen immer 180°, bei einem Dreieck auf einer Kugeloberfläche gilt das jedoch nicht. In den vergangenen zwei Jahrhunderten entwickelten Mathematiker daher neue geometrische Modelle und Theorien für den mehrdimensional gekrümmten Raum, die über Euklid hinausgingen und die grundlegenden Aussagen von Albert Einsteins »Allgemeiner Relativitätstheorie« bewiesen. Dennoch bleibt Euklids Werk bis heute das Fundament einer alltagstauglichen Geometrie.

WIE VIELE PRIMZAHLEN GIBT ES?

EUKLIDS WIDERSPRUCHSBEWEIS

UM 300 V. CHR.

MATHEMATIKER:
Euklid

ERGEBNIS:
Es gibt eine unendliche Anzahl von Primzahlen.

Für die meisten Menschen bedeutet eine Zahl nur »wie viel«. Für Mathematiker sind Zahlen als solche faszinierend. Die sogenannte Zahlentheorie gilt als die Königin der Mathematik, als reinstes geistiges Streben. Die Krönung dieser Disziplin sind die Primzahlen – und das seit über 2300 Jahren, als Euklid in seinen *Elementen* erstmals davon sprach.

Der mathematische Schlüssel zum Universum

Für viele Mathematiker wäre es der Heilige Gral der Zahlen, wenn sie die Primzahlen vollständig verstehen könnten. Primzahlen gelten oft als die »Atome« der Zahlen, als Bausteine, aus denen alles besteht. Der Astronom und Astrophysiker Carl Sagan schrieb, mit intelligenten Außerirdischen könne man sich am besten mittels Primzahlen verständigen, denn deren Kenntnis sei ein sicheres Zeichen für intelligente Lebensformen.

Eine Primzahl ist eine natürliche Zahl, die größer ist als eins und nur zwei Faktoren hat, nämlich sich selbst und eins. Im Buch VII der *Elemente* beschrieb Euklid jede beliebige Zahl als eine »Vielzahl von eins« – eine einfachere abstrakte Definition einer Zahl lässt sich nicht denken. Er definierte eine Primzahl als eine Zahl, »die sich nur durch eine Einheit allein messen lässt« – das heißt, sie kann nur durch eins dividiert werden, wobei die Zahl eins nicht dazugezählt wird. Eine zusammengesetzte Zahl definierte er als Zahl, die keine Primzahl ist: zusammengesetzt, weil man sie durch Multiplikation von Primzahlen erhalten kann. Und eine »perfekte Zahl«, so Euklid, ist eine Zahl, die sich als Summe ihrer Teiler ergibt.

Euklid schrieb viele interessante Dinge zu zusammengesetzten und perfekten Zahlen, doch sein Beweis zu den Primzahlen war ein echter Wendepunkt. In Buch IX zeigt er, dass es keine größte Primzahl geben kann, und begründet damit die Zahlentheorie. Zwar hatten sich Pythagoras und andere Mathematiker schon mit den Primzahlen beschäftigt, aber Euklids Lehrsatz 20 war bahnbrechend, weil er einen Beweis benutzte.

Euklids Beweis

Euklids Beweis wird heute unter der Kategorie »Widerspruchsbeweis« geführt: Man beginnt mit dem Gegenteil dessen, was man beweisen will, und zeigt dann in einer Reihe von logischen Schritten, dass diese Annahme zu einem logischen Widerspruch führt. Wenn aber das Gegenteil falsch ist, dann muss die Aussage selbst richtig sein.

Euklid wollte belegen, dass es mehr Primzahlen gibt als eine beliebige, vorgegebene Anzahl – mit anderen Worten, dass es unendlich viele Primzahlen gibt. Er begann seinen Widerspruchsbeweis mit der Annahme, dass es eine bestimmte Anzahl von Primzahlen gibt, und zeigte dann, dass dies unmöglich ist. Sein Beweis hing davon ab, dass jede natürliche Zahl das Produkt von Primzahlen ist.

Dem ursprünglichen Beweis in Griechisch zu folgen, ist nicht ganz einfach. Die Quintessenz lautet: Wenn es eine bestimmte Anzahl von Primzahlen gibt, dann kann man eine vollständige Liste von ihnen erstellen. Nennen wir sie p_1, p_2, p_3 – bis zur größten Primzahl p_n. Was, wenn man nun alle Zahlen der Liste multipliziert und dann 1 addiert? (Man muss das nicht wirklich tun, es geht nur um die Logik.)

Die sich ergebende Zahl kann keine Primzahl sein, weil sie größer ist als die größte Primzahl auf der Liste. Also muss sie eine zusammengesetzte Zahl sein. Da aber eine zusammengesetzte Zahl immer das Produkt von Primzahlen ist, sollte man diese Zahl in ihre Primteiler zerlegen können. Das aber ist nicht möglich, es bleibt immer ein Rest 1. Also kann die Liste der Primzahlen nicht vollständig sein, es muss Primzahlen geben, die nicht auf unserer angeblich vollständigen Liste stehen.

Somit kommt es nicht darauf an, welche Zahl man als die größte Primzahl auswählt, das Ergebnis ist immer dasselbe: Es gibt noch größere Primzahlen. Der Scharfsinn dieser Überlegung ist atemberaubend und hat zahllose Mathematiker zur Suche nach ähnlichen logischen Beweisen in den Weiten des Zahlenuniversums animiert.

Die ewige Suche nach der Unendlichkeit

Viele Mathematiker haben sich an der Suche nach weiteren Belegen für die Unendlichkeit der Primzahlen beteiligt. Leonhard Euler präsentierte im 18. Jahrhundert einen Beweis, der ungarische Mathematiker Paul Erdős brachte um 1950 einen arithmetischen Beweis, und der israelische Mathematiker Hillel Furstenberg setzte hierbei die Topologie und Mengentheorie ein. Im letzten Jahrzehnt erschien mehr als ein halbes Dutzend neuer Beweise, einschließlich desjenigen von Alexander Shen im Jahr 2016 auf Basis der Informationstheorie, der »Kompressionszustände« nutzt.

Doch alle diese Beweise dafür, dass es unendlich viele Primzahlen gibt, haben Mathematiker nicht davon abgehalten, unermüdlich – und definitionsgemäß unendlich – weiterzuforschen. Nicht lange nach Euklid legte der Grieche Eratosthenes ein intelligentes Verfahren zur Bestimmung von Primzahlen vor. Sein mathematisches Sieb sortierte die Nicht-Primzahlen rasch aus. Und Carl Friedrich Gauß fand 1793 – im Alter von 15 Jahren – heraus, dass Primzahlen immer seltener werden, je größer die Zahlen sind. Die Suche nach Primzahlen dauert noch immer an, doch begonnen hat sie mit Euklid.

UM 250 V. CHR.

MATHEMATIKER:
Archimedes

ERGEBNIS:
Archimedes fand eine raffinierte Methode, um π näherungsweise zu bestimmen.

WAS IST PI?

DIE SUCHE NACH DEN GRENZEN VON PI

Für Landvermesser sind Kreise eine frustrierende Angelegenheit, während Flächen mit geraden Grenzen leicht zu berechnen sind. Der Flächeninhalt eines Rechtecks? Einfach Länge mal Breite. Oder die Fläche eines gleichseitigen Dreiecks? Die Hälfte von Basis mal Höhe. Aber für Kreise braucht man eine der schwierigsten Zahlen der gesamten Mathematik: π (Pi).

Das π-Problem

π ist der Umfang eines Kreises mit dem Durchmesser eins – oder anders ausgedrückt: das Verhältnis von Umfang zu Durchmesser eines beliebigen Kreises. Das klingt einfach, ist aber erstaunlich schwer zu fassen. Im Lauf der Geschichte hat die Berechnung von π einige der besten mathematischen Köpfe an ihre Grenzen gebracht, und selbst die Rechenkraft moderner Computer hat π nicht exakt bestimmen können.

Glücklicherweise reicht eine gute Näherung für praktische Zwecke meist völlig aus. Seit Urzeiten wissen Menschen, dass π etwas über drei ist – also der Umfang eines Kreises ist etwas mehr als dreimal so lang wie sein Durchmesser. Die Babylonier rechneten, so belegen es fast 4000 Jahre alte Tontafeln, mit einem π von 25/8, also 3,125. Das ist ziemlich dicht dran an dem modernen Wert von 3,142. Der ägyptische *Papyrus Rhind* (siehe S. 24) aus etwa derselben Zeit gibt einen Wert von 16/9 zum Quadrat an, das ist 256/81 oder 3,16.

Ein Genie der antiken Welt

Um 250 v. Chr. versuchte auch Archimedes eine Antwort zu finden. Er galt schon zu Lebzeiten als Genie und war hauptsächlich für seine verblüffenden Er-

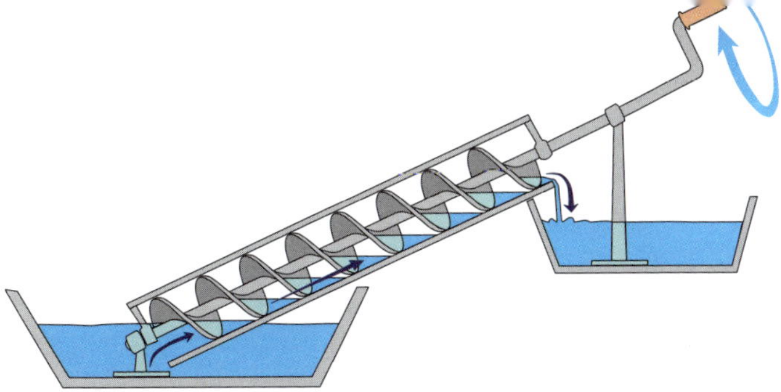

findungen und seine naturwissenschaftlichen Entdeckungen bekannt. Eine seiner beeindruckendsten Leistungen war, als er das 4000 Tonnen schwere Schlachtschiff *Syracusa* dank eines genialen Flaschenzugsystems mit einer Hand anheben konnte. Die »Archimedische Schraube«, eine einfache Pumpe, wird noch heute für die Bewässerung oder zur Beförderung von Abwässern eingesetzt. Und der Legende nach entdeckte er beim Baden die Auftriebsgesetze und lief, »Heureka« rufend (»Ich hab's gefunden«), vor Freude nackt auf die Straße.

Archimedische Schraube

Doch war Archimedes auch ein brillanter Mathematiker, und in gewisser Weise ist seine Berechnung von π eine seiner wichtigsten Leistungen. Er versuchte nicht, π zu messen, sondern er wollte den Wert theoretisch bestimmen. Hierfür verwendete er die »Exhaustionsmethode« (Exhaustion heißt »Ausschöpfen«), die der Philosoph Antiphon um 480 v. Chr. erfunden und die der griechische Mathematiker Eudoxos von Knidos ein Jahrhundert später weiterentwickelt hatte. Die Grundidee ist, den Flächeninhalt einer schwierig zu berechnenden Form zu bestimmen, indem man sie nach und nach mit Vielecken bekannter Fläche füllt. Man beginnt mit großen Vielecken und füllt dann die Lücken mit immer kleineren Vielecken, bis die Form »ausgeschöpft« ist. Man erhält zwar nur eine Näherung, aber je kleiner die Vielecke sind, umso genauer wird sie. Die Methode ist ein Vorläufer der Integralrechnung (siehe S. 75).

Die »Sechseckisierung« des Kreises

Um π zu berechnen, ging Archimedes wie folgt vor: Zunächst zeichnete er mit einem Zirkel einen Kreis und markierte auf dem Kreisumfang sechs gleichmäßig verteilte Punkte. Er zog eine Linie zwischen benachbarten Punkten und konstruierte so ein Sechseck im Inneren des Kreises. Dann verband er die

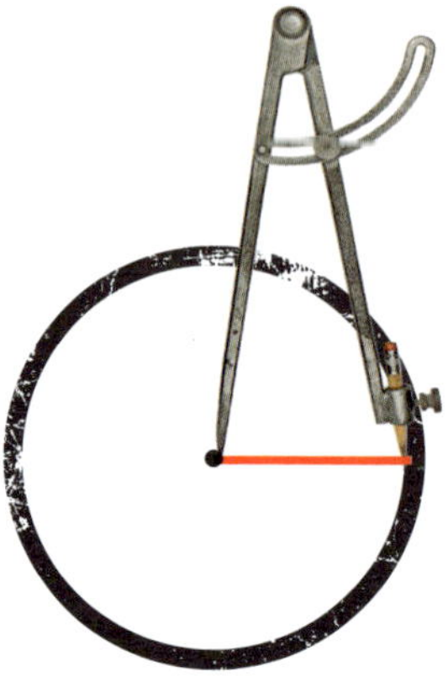

gegenüberliegenden Seiten des Sechsecks und erhielt sechs gleichseitige Dreiecke, die Seitenlänge war der Kreisradius. Der Umfang des Sechsecks betrug demnach das Sechsfache des Radius beziehungsweise das Dreifache des Durchmessers. Das ist der erste Näherungswert für π, nämlich 3. Aber die Kreislinie wölbt sich außerhalb des Sechsecks, der genaue Wert für π musste daher ein wenig größer sein. Archimedes zeichnete also flache gleichschenklige Dreiecke über das Sechseck, sodass ein 12-Eck entstand. Und noch immer gab es Lücken, also machte Archimedes weiter mit einem 24-Eck, einem 48-Eck und dann einem 96-Eck. Diese Figur ist von einem Kreis praktisch nicht mehr zu unterscheiden und ergibt einen Wert für π von 3 10/71 oder 223/71 (3,140845).

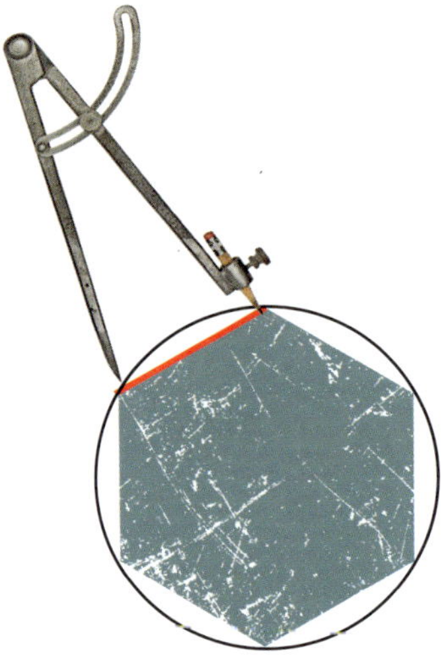

Doch erst danach gelang ihm der wahre Geniestreich: Er wiederholte das Ganze, diesmal aber mit einem Sechseck außerhalb des Kreises, dessen Seiten er nach und nach zu einem 96-Eck entwickelte. Damit kam er auf einen Pi-Wert von 3 10/70 oder 220/70 (3,142857). Da die Kreislinie zwischen dem inneren und äußeren 96-Eck lag, musste der wahre Wert zwischen dem inneren und äußeren Wert liegen. So kam Archimedes auf 3,141851 – eine sehr, sehr gute Annäherung an den heute gültigen Wert von 3,14159. Natürlich kannte Archimedes keine Dezimalen, er rechnete daher mit dem äußeren Wert von 22/7 (3,14), und das ist bis heute der am häufigsten benutzte Näherungswert.

In der Moderne wurde π mit Hochleistungscomputern auf Billionen Dezimalstellen genau berechnet. Doch die Rechnungen haben keinen Endpunkt, denn für π gibt es keinen endgültigen Wert, da π eine irrationale Zahl ist (siehe S. 21). Wir können letztlich nur die Näherungen optimieren. Aber die Näherung des Archimedes von 22/7 reicht für die meisten praktischen Fälle voll und ganz aus.

DIE VERMESSUNG DER ERDE

SONNE, SCHATTEN UND DIE GRIECHISCHE GEOMETRIE

UM 240 V. CHR.

MATHEMATIKER:
Eratosthenes

ERGEBNIS:
Mit einem raffinierten Trick berechnete Eratosthenes den Erdumfang auf gut 40 000 km.

Im Jahr 332 v. Chr. gründete Alexander der Große an der Mündung des Nils in Ägypten die Stadt Alexandria. Sie wurde das Zentrum der Gelehrsamkeit in der griechischen Welt, und es entstand eine prachtvolle Bibliothek für Hunderttausende Schriftrollen. Um 240 v. Chr. wurde ein neuer Bibliothekar bestellt – der Mathematiker Eratosthenes von Kyrene, der eine Methode zur Bestimmung von Primzahlen entwickelt hatte (siehe S. 37). Er erweiterte den Bestand tatkräftig: Er lieh sich große Werke der Literatur, ließ sie abschreiben und gab dann auf Befehl des Königs die Kopien zurück, die Originale verblieben in der Bibliothek.

Eratosthenes wurde um 276 v. Chr. geboren. Er war ein Freund des Archimedes, obwohl sie in ganz verschiedenen Regionen am Mittelmeer lebten. Archimedes schickte ihm ein Gedicht mit der Beschreibung eines komplexen Problems über Kühe und Bullen und besuchte ihn möglicherweise in Alexandria.

Der Vater der Geografie

Eratosthenes war begabt in den verschiedensten Disziplinen – Spötter nannten ihn »Beta«, weil er überall nur der Zweitbeste war, seine Freunde nannten ihn »Pentathlos« (Fünfkämpfer), den Vielseitigen. Er war nicht nur Mathematiker, sondern auch Dichter und Astronom, und er begründete die wissenschaftliche Geografie: Er verfasste drei Bände zur Geografie mit Karten der bekannten Welt, einschließlich der Pole, der Tropen und der gemäßigten Zonen. Außerdem vermerkte er die Lage von 400 Städten.

In dieser Zeit war bekannt, dass die Erde rund ist. Dafür gab es zwei Belege. Erstens: Wenn ein Schiff in See sticht, gerät zunächst der Rumpf aus dem Blick, erst später der Mast. Sicherlich war das Schiff nicht einfach nur zu klein, um es zu sehen, sondern es verschwand hinter dem Horizont – die Erde musste also rund sein. Zweitens: Man bemerkte, dass eine Mondfinsternis durch den Schatten der Erde verursacht wird, und dieser Schatten ist immer kreisrund.

Die Vermessung der Erde

Mit dem Wissen, dass die Erde eine Kugel ist, wollte Eratosthenes ihren Durchmesser bestimmen. Etwa 800 km südlich von Alexandria, nahe der Grenze zum heutigen Sudan, lag die Stadt Syene (heute Assuan). Ohne je dort gewesen zu sein, wusste er, dass das Sonnenlicht am Mittag des Tages zur Sommersonnenwende in einem tiefen Brunnen reflektiert wird. Das hieß, dass die Sonne zu diesem Zeitpunkt genau im Zenit stand und ein senkrechter Stab (Gnomon) also keinen Schatten warf. Den Brunnen gibt es noch heute, allerdings ist er teils verschüttet.

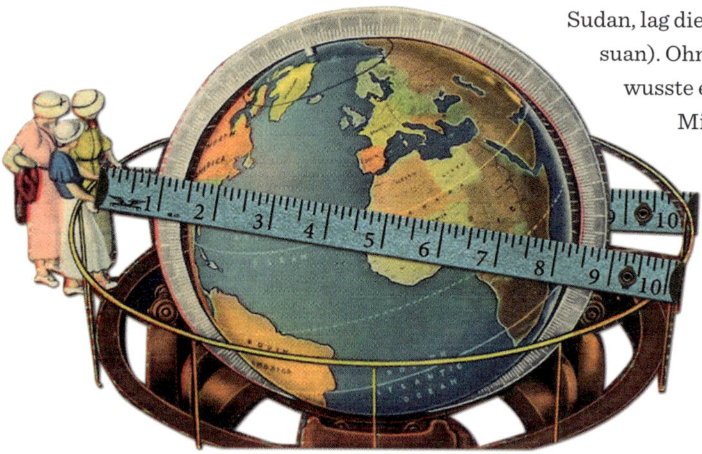

In Alexandria stellte Eratosthenes ebenfalls ein Gnomon senkrecht auf und maß mittags zur Sommersonnenwende die Zeitdistanz der Sonne, also den Winkel zwischen dem Stab und dem Rand seines Schattens. Dieser betrug 7,2°. In dem auf der rechten Seite abgebildeten Diagramm ist das der Winkel A.

Dieser Winkel ist nun genauso groß wie der Winkel A*, denn diese beiden Winkel liegen auf den entgegengesetzten Seiten einer Diagonale zwischen parallelen Linien. A* ist der Winkel am Erdmittelpunkt zwischen Alexandria und Syene. Der Rest war eine recht simple Rechnung:

Winkel zwischen Alexandria und Syene = 7,2°.

Entfernung zwischen Alexandria und Syene = 800 km.

Vollkreiswinkel einmal um die Erde von Alexandria bis Alexandria: 360° = 50 · 7,2°.

Folglich betrug der Umfang der Erde das 50-Fache der Entfernung Alexandria–Syene, also 50 · 800 km = 40 000 km. Die Entfernung zwischen den Städten wurde von den sogenannten Bematisten (offizielle Landvermesser, die einen besonders gleichmäßigen Schritt hatten) abgelaufen und in »Stadien« angegeben. Wir wissen nicht genau, wie lang ein solches Stadion war, und kennen daher nicht den konkreten Wert, den Eratosthenes bestimmt hatte, aber seine Schätzung des Erdumfangs liegt sehr dicht am exakten Wert von 40 075 km.

Berechnung des Erdumfangs

In seinen Berechnungen nahm Eratosthenes an, dass Syene am Südlichen Wendekreis und genau südlich von Alexandria liegt und dass die Erde eine exakte Kugelform hat. Keine dieser Annahmen ist ganz korrekt. Dessen ungeachtet wurde das Experiment 2012 mit genaueren Daten wiederholt. Die Abweichung lag bei nur 2 km.

Eratosthenes bestimmte ferner die Neigung der Erdachse gegen die Umlaufebene (etwa 23°) und fand eine Kalenderschaltregel (heute der 29. Februar). Er baute ein Modell der Erde, umgeben von Sonne, Mond und anderen Himmelskörpern. Zudem berechnete er (wenn auch nicht sehr genau) die Entfernung der Sonne zur Erde und ihren Durchmesser. Leider ging der größte Teil seiner weiteren wissenschaftlichen Werke verloren, als die berühmte Bibliothek von Alexandria im Jahr 48 v. Chr. niederbrannte.

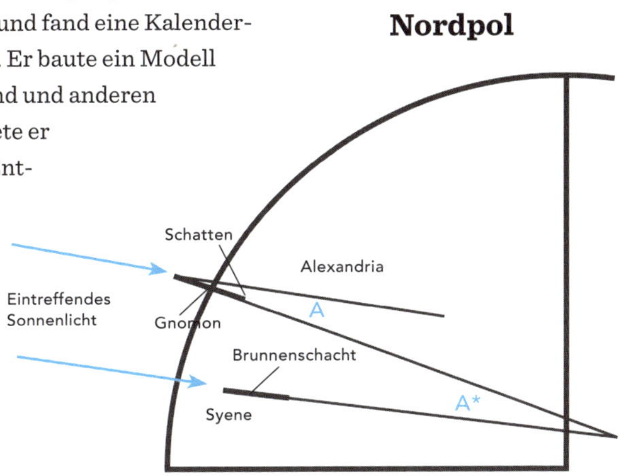

UM 250 N. CHR.

MATHEMATIKER:
Diophantos von Alexandria

ERGEBNIS:
Diophantos war wahrscheinlich der Erste, der in Gleichungen Symbole wie x für Zahlen schrieb.

DER VATER DER ALGEBRA

SUMMEN IN BUCHSTABEN AUSGEDRÜCKT

Diophantos von Alexandria gibt der Wissenschaft bis heute Rätsel auf: Wir wissen nicht, wann er gelebt hat – man kann nur vermuten, dass er nach 200 n. Chr. geboren wurde und um 250 n. Chr. tätig war. Man nannte ihn »Vater der Algebra«, der Lehre von den Gleichungen, wohl weil er als Erster beim Lösen von Gleichungen Buchstaben einsetzte, die die Zahlen repräsentieren sollten. Er setzte möglichst immer ganze Zahlen ein, ließ aber auch einfache Brüche als Zahlen gelten.

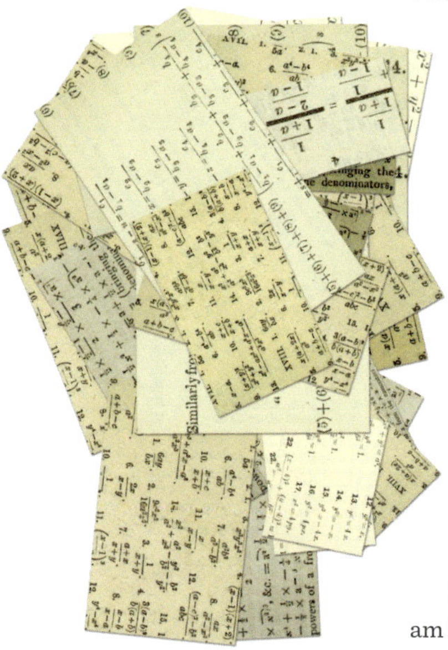

Wie alt war Diophantos?

Die um 500 erschienene *Griechische Anthologie* enthält ein Rätsel zum Alter des Diophantos, als er starb: »Seine Kindheit währte 1/6 seines Lebens; sein Bart wuchs nach einem weiteren 1/12; er heiratete nach einem weiteren 1/7, und fünf Jahre später wurde ihm ein Sohn geboren. Der Sohn lebte halb so lange wie der Vater, und der Vater starb vier Jahre nach dem Sohn.«

Man kann dieses Rätsel mit Algebra lösen, als eine diophantische Gleichung. Wenn sein Sterbealter x ist, dann können wir das Rätsel schreiben als $x = x/6 + x/12 + x/7 + 5 + x/2 + 4$. Daraus erhält man: $9x = 756$ oder $x = 84$.

Ein anderer Lösungsweg berücksichtigt, dass Diophantos am liebsten ganze Zahlen verwendete. Sein Alter muss also durch 12 und 7 teilbar sein. $12 \cdot 7 = 84$. Zudem muss es durch 2 und 6 teilbar sein, beides Teiler von 12, also geht es auf.

Die *Arithmetica*

Diophantos ist auch der Verfasser eines 13-bändigen Werkes, der sogenannten *Arithmetica*. Sechs Bände sind erhalten. Sie enthalten 130 Aufgaben mit numerischen Lösungen.

Die *Arithmetica* war das erste bedeutsame Buch über Algebra und hatte enormen Einfluss nicht nur auf die griechische, sondern auch auf die arabische und die westliche Mathematik. Diophantos verwendete erstmals nicht nur ein Symbol für die unbekannte Größe, sondern auch ein Zeichen für »Gleichheit« (allerdings nicht unser Gleichheitszeichen =, das erfand erst 1557 der englische Mathematiker Robert Recorde).

Die diophantischen Gleichungen waren meist quadratisch, das bedeutet, sie enthielten in irgendeiner Form x^2 und x. Für uns haben solche Gleichungen zwei Lösungen. Beispielsweise hat die Gleichung

$$x^2 + 2x = 3$$

die Lösungen $x = 1$ und $x = -3$.

Aber Diophantos suchte nie mehr als eine Lösung (»Wurzel«) und hätte eine negative Zahl als absurd abgetan. Das ist sogar logisch, wenn man Zahlen zum Abzählen verwendet (was sollen −3 Äpfel sein?). Außerdem kannte Diophantos die Null nicht. Dennoch kann man ihn als Begründer der Algebra ansehen, der zugleich für große Fortschritte in der Zahlentheorie verantwortlich war. Berühmt wurde Diophantos aber erst, als ein Franzose seine *Arithmetica* las.

Die Fermat'sche Vermutung

Jahrhunderte nach Diophantos' Tod inspirierte die *Arithmetica* einen anderen Gelehrten zu einem der berühmtesten Sätze der Mathematik. Der Franzose Pierre de Fermat, geboren 1607, war Jurist in Toulouse und ein begabter Amateurmathematiker. Er leistete wichtige Beiträge zur Mathematik, und seine Vermutungen erwiesen sich im Allgemeinen als korrekt.

In der *Arithmetica* diskutiert Diophantos den Satz des Pythagoras (siehe S. 26). Dazu gehört die Gleichung

$$x^2 + y^2 = z^2$$

mit ganzzahligen Lösungen. An den Rand seiner Ausgabe des Buches kritzelte Fermat seine Anmerkung zu Kuben (x^3) und Biquadraten (x^4) – damals natürlich auf Latein:

»Es ist jedoch nicht möglich, einen Kubus als Summe zweier Kuben oder ein Biquadrat als Summe zweier Biquadrate und allgemein eine Potenz, höher als die zweite, als Summe zweier Potenzen mit ebendemselben Exponenten zu schreiben.«

Mit anderen Worten kann man sagen, dass Fermat die pythagoräische Gleichung wie folgt erweiterte.

$x^n + y^n = z^n$

Fermat behauptete, es gebe für ein beliebiges n größer als zwei keine ganzzahligen Lösungen. Dazu ergänzte er:

»Ich habe hierfür einen wahrhaft wunderbaren Beweis entdeckt, doch ist dieser Rand hier zu schmal, um ihn zu fassen.«

Fermat schrieb dies um 1637, aber er veröffentlichte es nicht und sprach auch nicht darüber. Er stellte öfter derartige Vermutungen ohne Beweis an, und meist lag er richtig. 1665 starb er, und 1670 veröffentlichte sein Sohn Auszüge aus seinem Werk. In der folgenden Zeit setzten sich zahlreiche Mathematiker überall auf der Welt mit diesem besonderen Satz auseinander und suchten einen Beweis für die sogenannte Fermat'sche Vermutung.

Enorme Preisgelder wurden ausgeschrieben und Tausende fehlerhafte Beweise eingereicht. Die Wissenschaftler arbeiteten unermüdlich, bis der britische Mathematiker Andrew Wiles 1993 nach 30 Jahren der Beschäftigung mit dem Problem einen langen und komplizierten Beweis vorlegte (siehe S. 165).

Wiles' Beweis basiert auf anspruchsvollen modernen Verfahren der Mathematik, die Fermat noch nicht kennen konnte. Ob Fermat wirklich den »wahrhaft wunderbaren Beweis« gefunden hatte? Wir werden es niemals erfahren.

WAS IST NULL?

DER WERT DES NICHTS

628 N. CHR.

MATHEMATIKER:
Brahmagupta

ERGEBNIS:
Die frühen Mathematiker kannten keine Zahl Null, obwohl einige ein Stellenwertsystem verwendeten und ein Symbol als Platzhalter einsetzten.

Das deutsche Wort null stammt vom lateinischen *nullus* (»keiner«). Andere Sprachen verwenden den Begriff *zero*, der sich vom arabischen *sifr* (»leer«) herleitet. Als Fibonacci das Dezimalsystem in Europa einführte, übersetzte er *sifr* mit *zephyrium*, das im Italienischen zu *zefiro* wurde, in Venedig dann verkürzt zu *zero*.

Wir verwenden für unsere Zahlen heute ein Stellenwertsystem. Die Symbole 321 bedeuten 3 Hunderter, 2 Zehner und 1 Einer – in Summe dreihunderteinundzwanzig. Der Wert jeder Ziffer hängt von ihrer Stellung in der Gesamtzahl ab. Die um 500 n. Chr. entstandene astronomische Aryabhata-Sanskritschrift definert ein Stellenwertsystem so: »Von Platz zu Platz ist eines das Zehnfache des Vorangegangenen.«

Ist die Null eine Zahl?

Die Null ist allerdings einzigartig. Manchmal ist sie eine Zahl, wie bei der Antwort auf die Frage: »Wie viele Äpfel sind in der Schüssel?« »Null«. Oder sie ist ein Platzhalter wie in der Zahl 203 – die Null zeigt hier an, dass es keine Zehner gibt. Ohne sie würde man 23 schreiben – sie hält also den Platz in der Zehnerspalte frei. Tausende Jahre lang hatte man keinen Bedarf für die Null, etwa beim Zählen. Wenn man drei Nüsse hatte und drei wegnahm, dann war nichts übrig – dafür brauchte man keine Zahl. Man benötigte sie auch nicht als Ordinalzahl zum Nummerieren, so wie der Erste einer Reihe oder der zweite Dienstag eines Monats.

Schon die spätbabylonische Mathematik setzte ein Symbol für eine Leerstelle innerhalb einer Zahl (Binnen-Null) ein. Eine eigene Zahl für »das Nichts« hatten sie und auch die Griechen nicht, aber in der griechischen Astronomie schrieb man für Koordinaten in Stern- und Ortskatalogen eine »Platzhalter-Null«. Um 130 n. Chr. verwendete Ptolemäus in seinem Astronomiebuch *Almagest* ein Symbol wie ō für null.

Andere alte Kulturen entwickelten Stellenwertsysteme: Die Ägypter kannten schon ein Zeichen für die Null. Manchmal wurde ein Freiraum gelassen, das konnte allerdings bei Zahlen wie 2 3 zu Verwirrung führen: Bedeutet das 203, 2003 oder 20 003? Die Olmeken in Mittelamerika verwendeten in ihren Kalendern Buchstaben als Platzhalter.

Und die römischen Ziffern eignen sich zwar gut zum Zählen – eigentlich ist es ein Strichlistensystem –, aber nicht zum Rechnen. Für mathematische Operationen braucht man ein Stellenwertsystem und am besten auch eine Null.

Die Erfindung der Null

Der Legende nach schrieb der junge indische Mathematiker und Astronom Brahmagupta, geboren 598, die erste Null. In seinem Lehrbuch *Brāhmasphutasiddhānta* (Die korrekte Lehre des Brahma) legte er in Sanskritversen die Bewegung der Planeten und die Berechnung ihrer Bahnen dar. Dabei setzte er die Null als Platzhalter ein und zeigte, wie man sie auch als Zahl gebraucht. Um klarzustellen, wovon er sprach, definierte er den Wert 0 als »das Ergebnis der Subtraktion einer Zahl von sich selbst«. Dann legte er die ersten genauen Regeln für die Verwendung der Zahl Null in arithmetischen Operationen fest:

»Die Summe von zwei Positiven ist positiv, die von zwei Negativen ist negativ; die Summe eines Positiven und eines Negativen ist ihre Differenz; wenn sie gleich sind, ist es null. Die Summe eines Negativen und null ist negativ, die von einem Positiven und null ist positiv, die von zwei Nullen ist null. [...] Das Produkt von null und einem Negativen, von null und einem Positiven oder von zwei Nullen ist null.«

Er kam allerdings zu anderen Schlüssen über die Division als wir heute: Er definierte 0/0 ist 0 und ging darüber hinweg, dass Division eigentlich meint, eine andere Zahl durch 0 zu teilen. Dabei ergibt sich aber folgendes Problem: 4 durch 2 ist 2; 4 durch 1 ist 1; 4 durch 1/2 ist 8; vier durch 1/100 ist 400 – je kleiner der Teiler wird, umso größer wird das Ergebnis. Gilt also, Teilen durch 0 ist unendlich? Nein, denn wenn man unendlich mit 0 malnimmt, kommt nicht 4 heraus. Außerdem: Wenn 1 geteilt durch 0 unendlich ist und 2 geteilt durch 0 auch unendlich, dann wäre ja 1 = 2, oder? Also folgt: Das Teilen durch 0 hat keine Bedeutung, es ist »unbestimmt«. Am Beispiel von Seite 25 verdeutlicht, bedeutet das Teilen von 5 Pizzas auf 0 Personen: »Teile die Pizzas nicht!« Die Null ist schon ein seltsames Geschöpf ...

Die Null setzt sich durch

Von Indien aus verbreitete sich die Idee der Null nach Mesopotamien, wo arabische Mathematiker ihre Bedeutung erkannten. Von da aus trat sie ihren Siegeszug gen Westen an. Unsere »arabischen« Ziffern sind also letztlich indische Ziffern.

Mit Georg Cantors Einführung der Mengenlehre (siehe S. 30) definieren heutige Mathematiker die Null als die leere Menge. Der britische Mathematiker Ian Stewart drückte es pointiert so aus: »Das ist eine Sammlung, die tatsächlich nichts enthält – etwa wie meine eigene Sammlung von alten Rolls-Royces.« Die leere Menge wird damit ein Grundpfeiler für die gesamte Mathematik.

Die Null ist die ganze Zahl zwischen –1 und +1. Sie ist eine gerade Zahl, weil sie ohne Rest durch zwei teilbar ist. Sie ist weder positiv noch negativ. Die Division einer reellen Zahl durch null ist bedeutungslos, weil das Ergebnis unbestimmt ist.

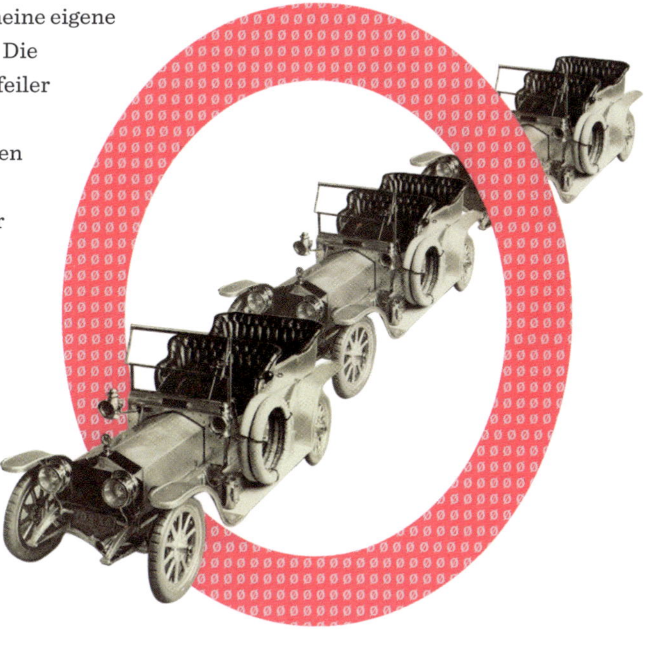

3. KAPITEL Von Kaninchen und Koordinaten: 629–1665

Die Mathematik und auch die Zahlen leiteten sich aus der Beobachtung der Welt um uns herum ab, etwa die Berechnung der Anzahl von Tagen eines Mondzyklus oder die Vermessung eines Feldes. Im Laufe der Geschichte haben Mathematiker sich immer wieder von Dingen aus der Wirklichkeit zu bahnbrechenden Ideen anregen lassen: Kaninchen inspirierten Leonardo Fibonacci zu seinem berühmten wissenschaftlichen Beitrag, und es war eine schlichte Stubenfliege, die René Descartes zu mathematischen Glanzleistungen brachte.

Doch mit der Einführung der Ziffer Null änderte sich alles. Wie konnte das Nichts, das Fehlen von etwas, eine Menge bezeichnen? Mit der Null musste die Mathematik sich nicht mehr auf die Realität beschränken, und Wissenschaftler lernten den Umgang mit nicht existierenden Dingen: Rafael Bombelli erkannte, dass imaginäre Zahlen nicht real sein müssen und dürfen. Und die Idee des unendlich Kleinen führte Johannes Kepler – und später Gottfried Wilhelm Leibniz und Isaac Newton – zu Durchbrüchen im 17. Jahrhundert.

UM **820**

MATHEMATIKER:
Al-Chwarismi

ERGEBNIS:
Im sogenannten Goldenen Zeitalter des Islam richtete sich die Mathematik neu aus.

KANN MAN OHNE ZAHLEN RECHNEN?

DIE LÖSUNG QUADRATISCHER GLEICHUNGEN

Der Koran hebt sich unter den Schriften der Weltreligionen dadurch hervor, dass er zum Forschen ermutigt: Gläubige sollen den Vogelflug oder das Fallen des Regens beobachten. Diese Befürwortung wissenschaftlicher Studien hatte besonders im Mittelalter eine nachhaltige Wirkung auf die Entschlüsselung der Geheimnisse der Natur.

Das »Haus der Weisheit«

Um 750 n. Chr. erstreckte sich das Islamische Reich von Spanien über Nordafrika bis Arabien, Syrien und Persien bis zum Indus im heutigen Pakistan. Der Kalif Harun ar-Raschid, der ab 786 regierte, förderte an seinem Hof in Raqqua Kultur und Gelehrsamkeit. Nach seinem Tod 809 kam es zu blutigen Kämpfen um die Nachfolge. Schließlich folgte Haruns jüngerer Sohn Abdallah al-Mamun ihm nach. Er baute seine Residenz in Bagdad und gründete dort eine Akademie, das »Haus der Weisheit«. Hier übersetzte man naturwissenschaftliche und philosophische Werke der Griechen ins Arabische und baute eine Bibliothek auf.

Während dieses Goldenen Zeitalters des Islam kam ein junger Perser nach Bagdad, geboren um 780 im heutigen Usbekistan. Sein Name war Mohamed ibn Musa al-Chwarismi, kurz al-Chwarismi. Unter der Schirmherrschaft des Kalifen al-Mamun verfasste er Schriften zur Mathematik, Geografie und Astronomie und wurde Leiter der Bibliothek im »Haus der Weisheit«.

Das indische Zahlensystem

Sein Werk *Über das Rechnen mit den Hindu-Ziffern*, entstanden um 820, führte zur Ausbreitung des indischen Zahlensystems im Orient und in Europa (siehe S. 17). Er führte vor, wie man mit diesen sonderbaren Zahlen Rechnungen durchführt, und gab ein paar Tricks zur Problemlösung an. Ein Beispiel:

»Wenn drei Männer einen Acker in fünf Tagen bepflanzen können, wie lange brauchen dann vier Männer? Schreibe die wichtigen Zahlen auf.

3 5 4

Multipliziere die erste mit der zweiten ($3 \cdot 5 = 15$), dann teile durch die dritte (15/4), die Antwort ist 3 3/4 oder 3,75 Tage.«

Eine neue Disziplin

Al-Chwarismis Werk über die Algebra legte die ersten systematischen Lösungen für lineare und quadratische Gleichungen dar. Eine seiner großen Leistungen ist das Lösen von quadratischen Gleichungen durch »quadratische Ergänzung«: Um beispielsweise die Gleichung $x^2 + 10x = 39$ geometrisch zu lösen, konstruierte er das Quadrat über x und Rechtecke über den Seiten, jeweils x lang und $10/4 = 5/2$ breit. Ihre Gesamtfläche ist dann 10x. Die Fläche des Quadrats plus die der Rechtecke ist 39.

Er ergänzte dann das Quadrat, indem er an den vier Ecken jeweils noch Quadrate von 25/4 hinzufügt. Die Gesamtfläche ist nun 39 + 25, also 64. Die Seitenlänge des großen Quadrats ist damit $\sqrt{64} = 8$, und damit ist x, die Seite des Quadrats in der Mitte, $(8 - 2 \cdot 5/2) = 3$. Die Lösung ist $x = 3$.

In al-Chwarismis Buch wurde die Algebra erstmals als unabhängige Disziplin behandelt, und es führte die Verfahren *al-dschabr* und *al-muqabala* ein. Das Wort *al-dschabr* heißt »Reduzieren«, eigentlich »das Richten gebrochener Knochen«. Unser Wort Algebra leitet sich davon ab. Es beschreibt den ersten Lösungsschritt: Man entfernt negative Zahlen und

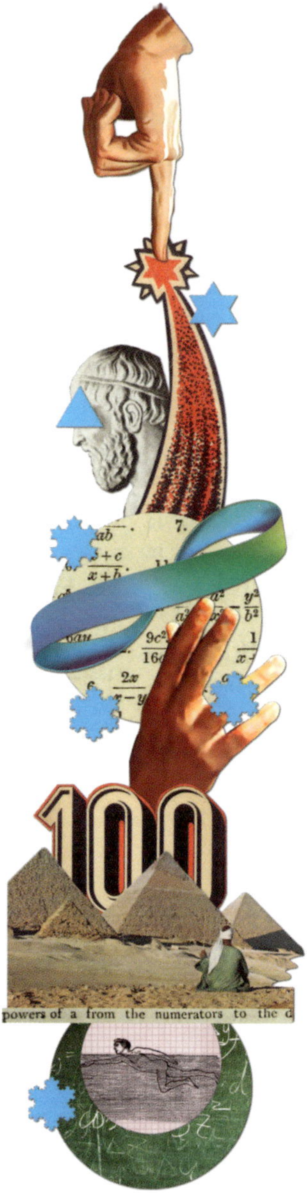

Wurzeln aus der Gleichung, indem man auf beiden Seiten dasselbe addiert. $x^2 = 10x - 5x^2$ etwa reduziert sich so zu $6x^2 = 10x$.

Al-muqabala (»Ergänzen«) bedeutet, gleichartige Dinge zusammenzubringen. So lässt sich beispielsweise $x^2 + 25 = x - 3$ zu $x^2 + 28 = x$ vereinfachen. Al-Chwarismi beschrieb seine Rechenoperationen allerdings mit Worten statt Formalismen aus Zahlen und Symbolen: »Teile zehn in zwei Teile: Multipliziere den einen mit sich selbst. Er ist dann so groß wie der andere, einundachtzigmal genommen.« Heute schreibt man:

$(10 - x)^2 = 81x$

Al-Chwarismi wurde aufgrund seiner Leistungen als einer der »Väter der Algebra« bezeichnet (ebenso wie Diophantos, siehe S. 46). Die griechische Mathematik hatte sich vor allem auf die Geometrie konzentriert. Das neue Teilgebiet der Algebra erlaubte es nun, über rationale und irrationale Zahlen sowie über geometrische Größen zu sprechen.

Der Gelehrte interessierte sich jedoch nicht nur für reine Mathematik, sondern auch für deren Anwendung in der Arithmetik. Es sei, »... was Männer bei Erbfällen, Vermächtnissen, Teilungen, Rechtsstreit und Handel sowie bei allen Geschäften miteinander immer brauchen, oder was die Landvermessung, das Graben von Kanälen, geometrische Rechnungen und weitere Themen der verschiedensten Arten angeht«.

Aus dem Namen al-Chwarismi wurde schließlich auch die Bezeichnung »Algorithmus« abgeleitet. Diese bezog sich ursprünglich auf den Umgang mit arabischen Zahlen, heute sind damit allgemeiner Regeln zur Lösung von Berechnungen besonders in der Informatik gemeint sowie Verfahren, die sich methodisch und in einzelnen Schritten beschreiben lassen.

WIE VIELE KANINCHEN?

DIE ZAHLENFOLGE DER NATUR

1202

MATHEMATIKER:
Leonardo von Pisa, genannt Fibonacci

ERGEBNIS:
Es gibt eine Zahlenfolge, die überall zu finden ist – in der Mathematik, in der Kunst und in der Natur.

Leonardo von Pisa wurde um 1170 geboren, kurz bevor dort 1173 der Bau des berühmten Schiefen Turms begann. Der Mathematiker ist bekannt unter dem Namen Fibonacci, das ist die Kurzform von *filius bonacci* (Sohn des Bonacci). Sein Vater war Kaufmann und Zöllner. Als junger Mann begleitete Fibonacci ihn auf seinen ausgedehnten Reisen um das Mittelmeer und lernte die »arabischen« Zahlen kennen, die eigentlich aus Indien stammen (siehe S. 17). Von den Händlern, die er traf, lernte er außerdem verschiedene Formen der Arithmetik.

1202 verfasste er die Schrift *Liber Abaci* (Buch der Rechenkunst), in der er die »arabischen« Zahlen in Europa einführte. Ein winziger Teil des Buchs ist eine faszinierende Zahlenfolge, die er mit einer Geschichte über Kaninchen erläuterte.

Fibonaccis Kaninchen vermehren sich

Die Kaninchen

Stellen Sie sich ein Paar Kaninchen vor. Im ersten Monat sind sie noch zu klein, um Junge zu haben, aber am Ende des zweiten Monats sind sie geschlechtsreif und bekommen ein Paar Junge. Diese Kleinen zeugen zwei Monate später ebenfalls Nachwuchs. Jedes neue Paar hat nach zwei Monaten wieder Nachkommen, und es gibt jeden Monat ein weiteres Paar. So werden es nach und nach mehr Kaninchen.

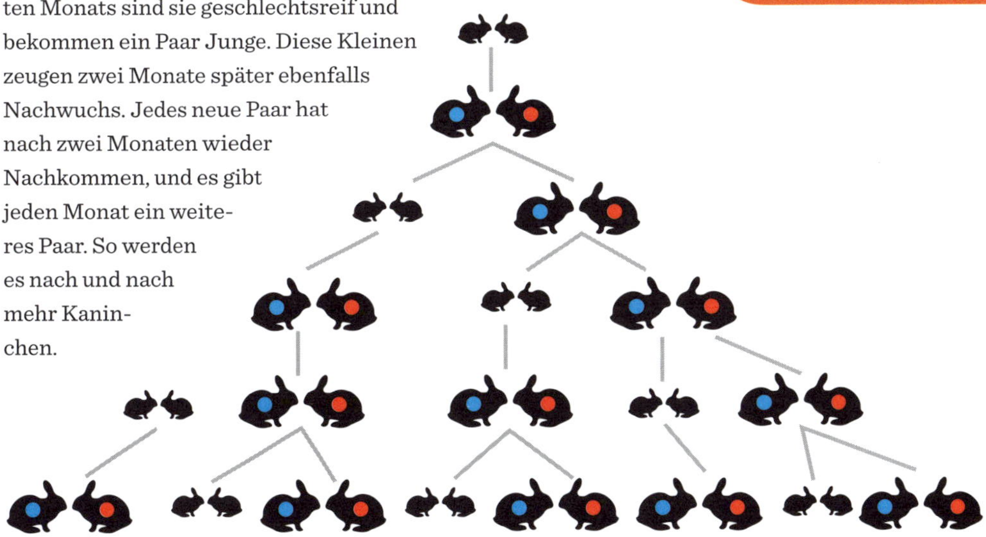

Fibonacci fragte sich, wie viele Kaninchenpaare es zu Beginn eines jeden Monats geben würde. Im ersten und zweiten Monat ist das erste Paar allein, aber dann bekommt es ein Paar Junge, es sind also zwei Paare. Im nächsten Monat wirft das erste Paar noch einmal Junge, jetzt sind es drei Paare. Im nächsten Monat hat das zweite Paar Junge, die Gesamtzahl erhöht sich auf fünf.

Die Zahlenfolge entwickelt sich folgendermaßen:

1, 1, 2, 3, 5, 8, 13, 21, 34, 55, 89, 144, 233, 377, ...

Jede Zahl entsteht, indem man die beiden davor stehenden Zahlen addiert: 1 + 1 = 2; 5 + 8 = 13; 89 + 144 = 233.

Die Fibonacci-Zahlen in der Mathematik

Diese unendlich lange Zahlenfolge weist erstaunliche Besonderheiten auf und folgt faszinierenden mathematischen Regeln. So ist zum Beispiel jede dritte Zahl durch zwei, jede vierte Zahl durch drei und jede fünfte Zahl durch fünf teilbar. Die Zahlenfolge ist so allgegenwärtig, dass man jede positive ganze Zahl als Summe von Fibonacci-Zahlen schreiben kann. Es gibt noch weitere Kuriositäten, einige davon sind nur schwer zu entdecken. Beispielsweise ist 89 die elfte Fibonacci-Zahl, und 1/89 = 0,011235.

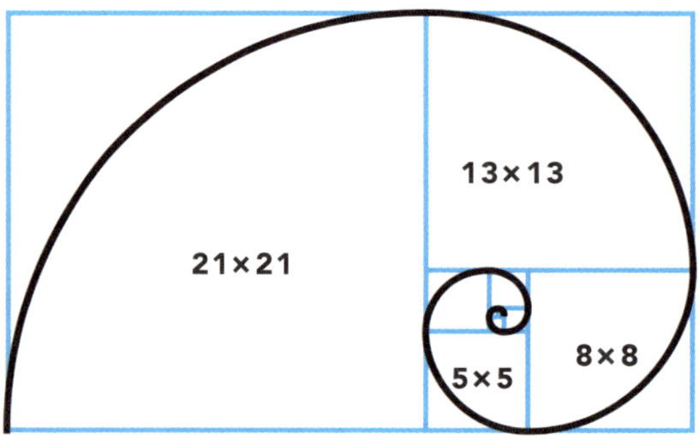

Fibonacci-Spirale

Seit Fibonaccis Zeit waren Mathematiker von dieser Folge fasziniert. Sie taucht auch im Pascal'schen Dreieck (siehe S. 73) auf. Der französische Mathematiker Blaise Pascal kannte die Fibonacci-Zahlen nicht, und doch stehen sie in jeder Diagonale seines Dreiecks. Man findet sie sogar in Mandelbrot-Mengen, das sind fraktale Bilder, in denen jeder Teil aus immer kleineren Teilen seiner selbst besteht. Deren Folge entspricht exakt der Fibonacci-Folge.

Die Zahlenfolge spielt auch in logarithmischen Folgen eine Rolle: bei der Multiplikation von Primzahlen, in der binären Mathematik und beim Programmieren von Algorithmen. All das kann kein Zufall sein, und Mathematiker haben sich immer wieder auf die Suche nach der Ursache dafür gemacht.

Wenig überraschend – denn schließlich entstand die Folge, als Fibonacci die Vermehrung von Kaninchen beschrieb – wurde sie auch bei der Modellierung des Bevölkerungswachstums bemerkt und ermöglicht sogar Prognosen zur Entwicklung von Städten. Dass die Folge allerdings auch in Modellen zum Wirtschaftswachstum auftaucht, war kaum erwartet worden.

Fibonacci-Zahlen kommen auch oft in der Natur vor, wenn Pflanzen wachsen: so etwa in der Anzahl der Blätter in einer Spirale um den Stängel einer Pflanze oder in der Anzahl der Blütenblätter.

Grundsätzlich kann man sagen, dass diese Zahlenfolge widerspiegelt, wie Dinge wachsen. Wie schon Fibonacci erkannte, reift etwas nicht einfach durch seine Verdopplung heran. Bei der Entwicklung bauen die Schritte aufeinander auf, und die Folge zeigt das ganz klar. Wo immer es also Wachstum gibt, ist die Fibonacci-Zahlenfolge sicher nicht weit.

Der »Goldene Schnitt«

Auch in der Kunst und Architektur wurde der Fibonacci-Folge lange Zeit eine wichtige Stellung eingeräumt, und das hängt mit dem »Goldenen Schnitt« zusammen. Wenn man eine beliebig große Fibonacci-Zahl durch die vorhergehende Zahl teilt, ist das Ergebnis nahe am »Goldenen Schnitt«: 1,618. Somit ist 8/5 = 1,6; 13/8 = 1,625; 21/13 = 1,615 und so fort. Je höher die Zahlen, mit denen man beginnt, umso näher kommt man 1,618. Der »Goldene Schnitt«, auch »goldene Mitte« genannt, wird durch folgende Gleichung definiert: $(a + b)/a = a/b$. Man findet den »Goldenen Schnitt« in den Seitenlängen des Rechtecks $(a + b)/a$. Diese Proportionen gelten als besonders angenehm, weshalb Architekten von der Antike bis zu Le Corbusier und zahlreiche Künstler von Leonardo da Vinci bis Salvador Dalí sie verwendeten.

1572

MATHEMATIKER:
Rafael Bombelli

ERGEBNIS:
Bombelli bewies, dass die imaginären Zahlen ganz real sind.

MÜSSEN ZAHLEN REAL SEIN?

DIE WURZEL AUS -1

Zahlen sind Zahlen – oder nicht? Wie können sie dann »imaginär« sein? Nun, einige Zahlen sind es. Sie wurden zuerst vor über 400 Jahren beschrieben, von dem italienischen Mathematiker Rafael Bombelli.

Wie kann eine Zahl imaginär sein?

Alles hängt mit der Idee von (Quadrat-)Wurzeln und negativen Zahlen zusammen. Die Wurzel einer Zahl ist eine Zahl, die multipliziert mit sich selbst die Ausgangszahl ergibt. Die Wurzel aus 9 ist 3 ($3 \cdot 3 = 9$), die Wurzel aus 4 ist 2 ($2 \cdot 2 = 4$), und die Wurzel aus 1 ist 1 ($1 \cdot 1 = 1$). Aber was ist mit der Wurzel aus negativen Zahlen? Hier stoßen wir auf ein Problem, denn wenn man zwei negative Zahlen miteinander multipliziert, erhält man eine positive Zahl: $-2 \cdot -2 = +4$, und $-1 \cdot -1 = +1$. Die Wurzel aus einer negativen Zahl muss also existieren, aber sie kann nicht existieren: Sie ist zugleich real und imaginär.

Schon die alten Ägypter kannten diesen Widerspruch, und vor 2000 Jahren machte der griechische Gelehrte Heron von Alexandria – der auch eine Art Dampfkreisel (*aeolipile*) entwickelte – seine eigene Erfahrung damit. Er versuchte, das Volumen eines Pyramidenstumpfs zu berechnen und benötigte dafür die Wurzel aus 81 – 144, die Lösung ist natürlich $\sqrt{-63}$. Aber ganz so einfach ist das nicht, denn Heron wechselte das Vorzeichen und sagte, die Lösung sei $\sqrt{63}$. Er pfuschte also, aber was blieb ihm übrig? Schon negative Zahlen wurden zu seiner Zeit mit Misstrauen betrachtet, und für Wurzeln aus negativen Zahlen galt das erst recht.

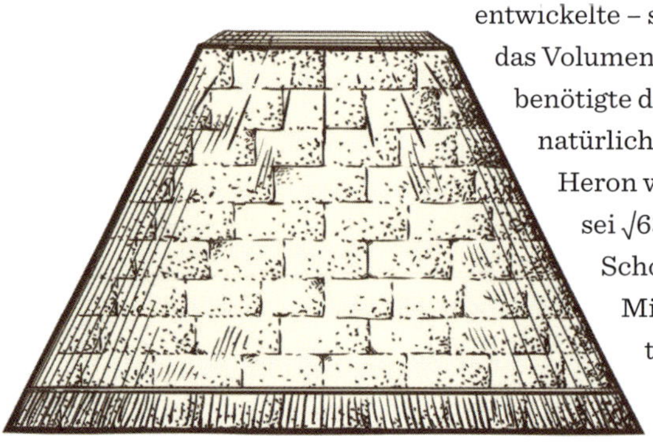

Mathematische Gefechte in der Renaissance

Das Dilemma gewann im 16. Jahrhundert an Aktualität, als italienische Mathematiker sich an der Lösung von kubischen Gleichungen versuchten, also Gleichungen mit der Form $ax^3 + bx^2 + cx = d$. Man hielt sie für unlösbar, weil man dafür die Wurzel negativer Zahlen brauchte. In der Blütezeit italienischer Mathematik galt es als höchste Kunst, solche Probleme zu lösen. 1535 gelang ein erster Durchbruch bei einem erbitterten Schaukampf zwischen den Mathematikern Niccolò Tartaglia und Scipione del Ferro (bzw. seinem Schüler Antonio Maria Fior). Als sie die Lösungen in einer Kirche vorstellten, gewann Tartaglia diese Runde und den Preis der Universität Bologna, an der del Ferro bereits lehrte.

Zehn Jahre später fielen del Ferros Notizen dem Arzt und Mathematiker Girolamo Cardano in die Hände. Dieser verfasste daraufhin sein Werk *Ars Magna* über die Lösung von kubischen Gleichungen und behauptete darin, $\sqrt{-1}$ sei möglich, obgleich er es für völlig nutzlos hielt. Mit den Kenntnissen aus diesem Buch forderte Cardanos Schüler Lodovico Ferrari Tartaglia zu einem weiteren mathematischen Duell heraus. Diesmal musste sich Tartaglia geschlagen geben. In all diesen Zweikämpfen enthielt die Lösung imaginäre Zahlen. Aber sie galten eher als Taschenspielertrick denn als wirkliche Zahlen.

Bombellis Beitrag

Zu dieser Zeit betrat Bombelli die Szene: 1572 erschien sein Buch mit dem einfachen Titel *Algebra*, in dem alles zum Thema in leicht verständlichen Worten erklärt wurde. In großer Klarheit behandelte er zudem die Frage der imaginären Zahlen ebenso wie komplexe Zahlen (eine Kombination aus reellen und imaginären Zahlen).

Er legte dar, dass die Multiplikation von zwei imaginären Zahlen immer eine reelle Zahl ergibt, und zeigte, wie man die Wurzeln aus negativen Zahlen verwendet. Er bezeichnete $\sqrt{-1}$ als »Plus von Minus« und $-\sqrt{-1}$ als »Minus von Minus« und gab einfache Rechenregeln für die imaginären Zahlen an:

Plus von Minus mal Plus von Minus ist Minus:
$[+\sqrt{-n} \cdot +\sqrt{-n} = -n]$
Plus von Minus mal Minus von Minus ist Plus:
$[+\sqrt{-n} \cdot -\sqrt{-n} = +n]$
Minus von Minus mal Plus von Minus ist Plus:
$[-\sqrt{-n} \cdot +\sqrt{-n} = +n]$
Minus von Minus mal Minus von Minus ist Minus:
$[-\sqrt{-n} \cdot -\sqrt{-n} = -n]$

Auch Bombelli hielt dies eigentlich für eine Schummelei: »Die ganze Angelegenheit schien eher eine Spitzfindigkeit als real«, schrieb er. »Doch ich suchte so lange, bis ich [das Ergebnis] wirklich beweisen konnte.«

Das imaginäre i

In den folgenden zwei Jahrhunderten akzeptierten einige Mathematiker Wurzeln aus negativen Zahlen, andere lehnten sie entschieden ab. Schließlich wies der Schweizer Mathematiker Leonhard Euler einen Weg aus dem Dilemma. Er führte die »imaginäre Einheit« mit dem Symbol »i« für die imaginäre Zahl ein, deren Quadrat –1 ist. Damit gilt $i = \sqrt{-1}$. Mit Eulers i konnte man die Wurzel aus jeder negativen Zahl in Gleichungen als i mal die Wurzel aus dieser Zahl schreiben. Er nannte die Wurzeln aus allen negativen Zahlen imaginäre Zahlen. Mit dem Wort »imaginär« meinte er nicht, dass sie nicht existieren. Es handelt sich nur um eine begriffliche Festlegung.

Der Ursprung und Sinn der imaginären Zahlen und der Quadratwurzel aus –1 mögen ein Rätsel bleiben, aber das bedeutet nicht, dass wir sie nicht verwenden können. Tatsächlich wäre es heutzutage schwer, ohne imaginäre Zahlen auszukommen: Sie sind wesentlich für die moderne Quantenforschung, aber auch für die Konstruktion der Tragflächen von Flugzeugen oder Hängebrücken. Sie heißen imaginär, weil sie keiner reellen Zahl zugeordnet werden können, aber sie sind »real«, weil sie Teil der wirklichen Welt sind. Paradoxerweise sind sie also gleichzeitig imaginär und real, unmöglich und doch möglich – und das ist wesentlich auf Bombelli zurückzuführen.

WIE RECHNET MAN MIT STÄBCHEN?

DIE ERSTE VEREINFACHUNG DER MULTIPLIKATION

1614

MATHEMATIKER:
John Napier

ERGEBNIS:
Die Erfindung der Logarithmen und Rechenhilfen

Der schottische Mathematiker und Naturforscher John Napier wurde 1550 auf Merchiston Castle geboren, das heute zum Campus der Universität Edinburgh gehört. Nach dem Tod seines Vaters 1571 erbte Napier Ländereien und Titel und wurde der achte Laird (Baron) von Merchiston.

Der rußige Hahn

Napier war ein begeisterter Erfinder, vor allem von militärischem Gerät, und wurde als der »wunderbare Merchiston« bezeichnet. Die Einheimischen glaubten, er könne die Zukunft vorhersagen, und er pflegte diesen Irrglauben: Er hielt einen schwarzen Hahn, von dem es hieß, er decke Missetaten auf. Als eines Tages Wertsachen aus dem Schloss gestohlen wurden, befahl Napier seine Dienerschaft in einen abgedunkelten Raum, wo jeder den Hahn zu berühren hatte. Napier erklärte, der Hahn würde krähen, wenn ihn der Schuldige anfasse. Doch der Hahn blieb ruhig. Anschließend ließ Napier sich die Hände zeigen – alle hatten schwarze Hände, bis auf einen. Der mit den sauberen Händen wurde des Diebstahls beschuldig, denn er hatte es nicht gewagt, den Hahn anzufassen. So fand Napier den Dieb, einfach indem er seinen Hahn mit Ruß bestäubt hatte.

Logarithmen

Napier war auch ein leidenschaftlicher Physiker und Astronom und verbrachte einen großen Teil seiner Zeit mit

langwierigen Rechnungen. Um 1590 entdeckte er eine Möglichkeit, die Rechnungen zu vereinfachen, indem er anwandte, was später als Logarithmus bezeichnet wurde. Er beschäftigte sich über 20 Jahre damit, die Logarithmen von Zahlen zu berechnen, und 1614 veröffentlichte er seine Ergebnisse in dem Buch mit dem Titel *Mirifici logarithmorum canonis descriptio* (Beschreibung des wunderbaren Kanons der Logarithmen).

Napiers Erfindung würde man heute als »natürliche Logarithmen« bezeichnen und als $\ln(x)$ oder $\log_e(x)$ schreiben. Der natürliche Logarithmus einer Zahl ist die Potenz, in die man die Konstante e erheben muss, damit sie gleich der Zahl ist:

$\ln(x) = a$

mit $e^a = x$

Demnach heißt $\ln(2{,}74) = 1{,}0080$, dass $e^{1{,}0080} = 2{,}74$ ist, und $\ln(3{,}28) = 1{,}1878$ bedeutet, dass $e^{1{,}1878} = 3{,}28$ ist. Diese und andere Werte kann man in einer Logarithmentafel nachschlagen.

Wozu ist das gut? Nehmen wir an, man möchte $2{,}74 \cdot 3{,}28$ berechnen. Heute würde jeder dafür einen Taschenrechner verwenden, aber solche Geräte gab es im 17. Jahrhundert selbstverständlich noch nicht, man multiplizierte mit Stift und Papier. Mit den Logarithmen brauchte man einfach nur die Logarithmen zu addieren:

$1{,}0080 + 1{,}1878 = 2{,}1958$

Dann sieht man 2,1958 in der Logarithmentafel nach: Es ist der Logarithmus von 8,9872, und dies ist das Ergebnis. Mit anderen Worten, mit den Logarithmen braucht man nicht mehr zu multiplizieren, sondern kann einfach addieren.

Der englische Mathematiker Henry Briggs war so erstaunt und erfreut über diese Logarithmen, dass er von Oxford aus in den Norden reiste, um Napier aufzusuchen. Der Legende nach schwiegen sie bei ihrem Treffen zunächst 15 Minuten lang in gegenseitigem Respekt und Bewunderung, bis Briggs endlich sagte: »Mylord, ich habe diese lange Reise unternommen, um zu sehen, mit welchem Scharfsinn Sie diese höchst willkommene Hilfe für die Astronomie erfunden haben, also die Logarithmen.« Später rechnete Briggs die Napier'schen Logarithmen zur Basis 10 um. In dieser Form lernten Schulkinder über Jahrhunderte den Umgang mit Logarithmen.

Die Napier'schen Rechenstäbchen

Danach erfand Napier den ersten praktischen »Taschenrechner«, die sogenannten Napier'schen Rechenstäbchen. Diese beschrieb er in seinem Buch *Rabdologiae,* das 1617 erschien, kurz vor seinem Tod.

Die Stäbchen waren eigentlich Multiplikationstabellen, aufgedruckt auf flache Stäbe, mit denen man die arabische Multiplikation durchführen konnte, wie sie Fibonacci in seinem *Liber Abaci* beschrieben hatte (siehe S. 57). Die Nutzung ist einfach. Jede Spalte ist praktischerweise die Multiplikationstabelle für eine bestimmte Zahl.

Über ein Jahrhundert lang waren die Stäbchen sehr populär. Als der Londoner Marine-Staatssekretär und Abgeordnete Samuel Pepys, der noch heute für seine Tagebücher bekannt ist, Arithmetik lernte, schrieb er: »Heute suchte mich Jonas Moore [sein Tutor] auf und berichtete mir auch von den vielen Anwendungsmöglichkeiten der Napier'schen Rechenstäbe.«

Der Rechenschieber

Die Weiterentwicklung von Napiers Logarithmen war der sogenannte Rechenschieber, den Reverend William Oughtred um 1632 erfand. Er hat gegeneinander verschiebbare Zungen mit logarithmischer Skala. Somit erlaubt er die Multiplikation durch Addieren, kann aber auch für die Division sowie trigonometrische und andere Funktionen verwendet werden. Über Jahrhunderte rechneten Ingenieure und Wissenschaftler mit dem Rechenschieber, bis er in den 1970er-Jahren durch die neue elektronische Rechenmaschine, den Taschenrechner, abgelöst wurde.

1615

MATHEMATIKER:
Johannes Kepler

WIE GROSS IST DAS FASS?

VOLUMENBERECHNUNG VON KÖRPERN

ERGEBNIS:
Kepler bestimmte das Volumen von Weinfässern und gelangte zu einer Berechnungsmethode für das Volumen kompliziert geformter Körper im Allgemeinen.

Der Astronom Johannes Kepler war einer der Wegbereiter eines naturwissenschaftlichen Weltbildes und ist vor allem für die Entdeckung der Gesetze der Planetenbewegung bekannt. Doch er befasste sich auch mit der Berechnung von Flächen und dem Volumen kompliziert geformter Körper.

Das Volumen von Körpern

Bei einfachen Körpern wie Würfeln oder Pyramiden lässt sich das Volumen leicht berechnen, wenn man die Außenmaße kennt. Doch erst Kepler fand 1615 einen raffinierten Weg, auch andere Körper zu berechnen und sogar das Maximalvolumen zu bestimmen.

Sein Beitrag fiel in eine turbulente Phase seines Lebens. Seit 1601 war Kepler Mathematiker am Hof des deutschen Kaisers Rudolf II. in Prag. Mit Mathematik hatte seine Position allerdings nicht viel zu tun – seine Arbeit bestand hauptsächlich darin, Horoskope zu berechnen. Doch 1612, nach dem Tod des Kaisers, war Keplers Stellung bedroht. Im selben Jahr starb seine Frau Barbara an Fleckfieber, und einer seiner Söhne fiel den Pocken zum Opfer. Dann wurde seine Mutter Katharina auch noch der Hexerei angeklagt. Er verließ Prag, zog in das ruhigere Linz an der Donau und wollte sich wieder verheiraten. Er ging die Listen möglicher Kandidatinnen für eine Eheschließung durch und verfiel schließlich auf die 24-jährige Susanne Reuttinger. Ihre Hochzeitsfeier gab den Anstoß zu seinen Ideen der Volumenberechnung.

Die Kepler'sche Fassregel

Als sparsamer Hausvater wollte Kepler vermeiden, dass die Linzer Weinhändler, die anders geformte Fässer verwendeten als die Händler in seiner süddeutschen Heimat, ihn betrügen. Um zu messen, wie viel Wein ein Fass enthielt, legte man das Fass auf die Seite, steckte einen Messstab durch ein Loch in der Mitte diagonal zur gegenüberliegenden Seite und prüfte, wie weit der Stab von Wein benetzt worden war. Doch galt das, was bei den Fässern in Linz funktionierte, auch für andere Fassformen?

Zwei Jahre lang widmete sich Kepler dieser Frage, 1615 veröffentlichte er seine Ergebnisse, auch bekannt als die sogenannte Kepler'sche Fassregel, in dem Buch *Nova Stereometria Doliorum Vinariorum* (Neue Stereometrie der Weinfässer).

Zuerst untersuchte Kepler, wie man Flächen und Volumina von gekrümmten Formen berechnen kann. Die Mathematiker hatten lange theoretisiert über die »Indivisiblen« – Elemente, die so klein sind, dass sie nicht weiter geteilt werden können. In der Theorie kann man die gekrümmte Form mit den Indivisiblen ausfüllen und diese dann aufaddieren. So lässt sich etwa der Flächeninhalt eines Kreises mit schlanken tortenstückförmigen Dreiecken bestimmen. So hatte Archimedes den Wert von Pi bestimmt (siehe S. 41).

Auch Kepler hatte dieses Verfahren schon genutzt, als er für sein Werk zur Planetenbewegung den Flächeninhalt von Ellipsen berechnete, allerdings zerlegte er die Ellipse in eine unendliche Anzahl vertikaler Schnitte. Den Flächeninhalt bestimmte er dann, indem er die Höhe eines jeden Schnitts berechnete.

Akzeptanz der Infinitesimalen

Diese Methode erweiterte Kepler auf die Volumenbestimmung beliebiger Körper. Dazu stellte er sich den Körper als einen Stapel extrem dünner Scheiben vor. Das Gesamtvolumen ist dann die Summe der Volumina der einzelnen Scheiben. Bei einem Fass ist jede Scheibe ein flacher Zylinder, und ein Zylindervolumen lässt sich leicht berechnen. Eigentlich ganz einfach.

Doch wenn der Zylinder keine Dicke hat, hat er auch kein Volumen. Also müssen die Scheiben dicker sein. Ein Zylinder hat allerdings gerade Seiten, und die Fasswand ist gekrümmt. Aus dieser Zwickmühle fand Kepler mit der Idee der »Infinitesimalen« heraus – unendlich dünne Scheiben, die in der Summe trotzdem eine Dicke haben. Kepler kam nicht als Erster auf diese Idee, aber durch seine Arbeit wurde sie bekannt.

Mithilfe dieses Verfahrens zur Volumenberechnung bestimmte er nun die Fassform mit dem maximalen Volumen, und der ungenaue Messstab der Händler war nicht mehr nötig. Dieses Mal betrachtete er die Dreiecke, gebildet aus der Zylinderhöhe, dem Durchmesser und einer Diagonalen vom Deckel zum Boden. Seine Frage: Wenn die Diagonale fest ist (wie der Händlerstab), wie ändert sich das Volumen mit der Fasshöhe?

Es zeigte sich, dass kurze, gedrungene Fässer mit einer Höhe etwa doppelt so groß wie der Durchmesser – wie die Fässer in Österreich – das maximale Volumen enthalten. Die hohen Fässer, die Kepler aus seiner Heimat gewohnt war, enthielten viel weniger Wein. Kepler erkannte auch, dass das Volumen immer weniger zunimmt, je mehr sich die Form dem Maximum annähert.

Das Fundament der Integralrechnung

Diese Beobachtung spielte auch eine wichtige Rolle in der Integral- und Differenzialrechnung, die Maxima und Minima untersucht. Keplers Übernahme der Infinitesimalen war ein gleichermaßen wichtiger Grundstein für die Erkenntnisse von Newton und Leibniz hundert Jahre später. Die Mathematik hatte das Problem, dass sich die Erscheinungen der Natur nicht immer in gerade Blöcke von Zahlen und Geometrien zerlegen ließen. Die Natur ist kontinuierlich und vielfältig. Die Infinitesimalen erwiesen sich als nützlich für die Beschreibung von Kontinuitäten und verhalfen der Mathematik zu ihrer Schlüsselrolle beim Verständnis unserer Welt.

WAS SIND KARTESISCHE KOORDINATEN?

DER AUFSTIEG DER ANALYTISCHEN GEOMETRIE

1637

MATHEMATIKER:
René Descartes

ERGEBNIS:
Eine Fliege inspirierte Descartes zu seinem brillanten System von Achsen und Koordinaten.

René Descartes wurde 1596 bei Tours in Zentralfrankreich geboren. Seine Familie schickte ihn auf eine exklusive Jesuitenschule in La Flèche. Aufgrund seiner schwachen Gesundheit musste er nicht wie seine Mitschüler schon um 5 Uhr morgens aufstehen, sondern durfte bis 11 Uhr im Bett bleiben – eine Gewohnheit, die er zeitlebens beibehielt. Decartes war ein guter Schüler, doch nach eigener Bekundung lernte er nur, was er alles *nicht* wusste. Nach seinem Abschluss lebte er in Paris, reiste viel, verdingte sich zwischenzeitlich als Soldat und zog für etwa 20 Jahre in die Niederlande, wo er sich mit Mathematik und Philosophie beschäftigte.

Descartes ist vor allem bekannt für seine Philosophie, insbesondere seinen *Discours de la méthode* (*Von der Methode*), ein Dokument des Zweifels: Er kam zu dem Schluss, dass man sich bei nichts von dem, was man lese, höre oder sehe, sicher sein könne, sondern zu den absoluten Grundlagen zurückkehren müsse. Berühmt wurde sein Ausspruch »Cogito ergo sum« (»Ich denke, also bin ich«): Ich denke, also muss jemand da sein, der denkt, und dieser Jemand bin ich. Heute lehnen viele Philosophen und Psychologen diese Vorstellung eines beständigen Selbst, welches das Denken übernimmt, ab. Gleiches gilt für den »kartesischen Dualismus«, die Vorstellung, dass Körper und Geist aus ganz verschiedenen Substanzen bestehen. Dennoch wurde Descartes als »Vater der modernen Philosophie« bezeichnet.

Analytische Geometrie

Auch in der Mathematik, insbesondere der Geometrie, war Descartes sehr produktiv, wobei er unter

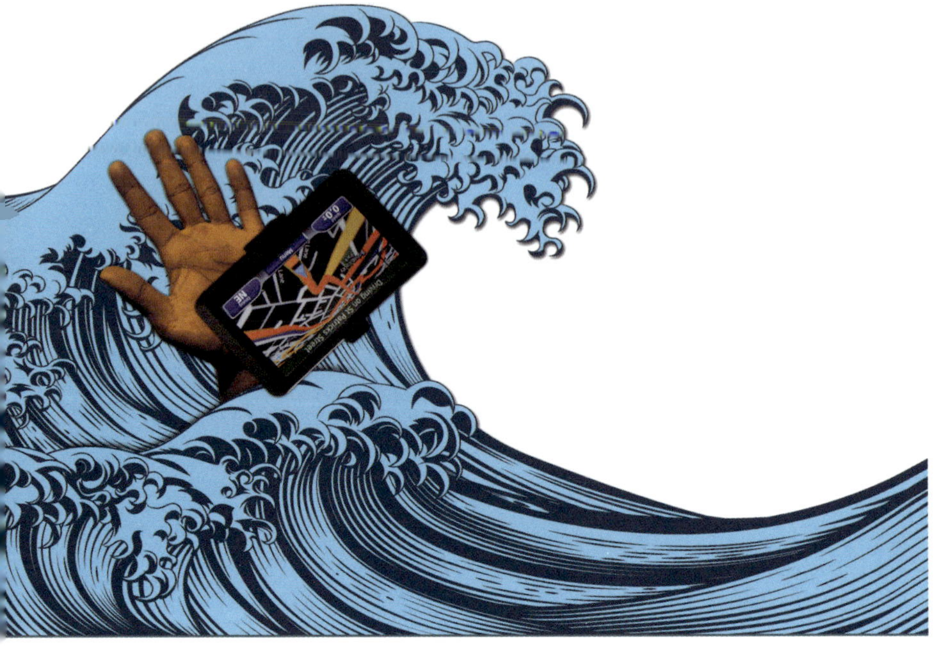

anderem mit Pierre de Fermat zusammenarbeitete. Berühmt wurde vor allem die Erfindung der Koordinaten, die noch heute nach ihm als »kartesische Koordinaten« bezeichnet werden.

Stellen Sie sich vor, Sie sind ein Hubschrauberpilot oder eine Taube und sollen von Helgoland zu einem Ort im Meer etwa 13 km nordöstlich fliegen. Wie finden Sie diesen Ort, wenn Nebel herrscht? Ein Navigationssystem hilft auf See nicht, und eine Karte auch nicht, da es keine Orientierungspunkte gibt. Um das Ziel zu erreichen, braucht man Koordinaten.

Bekannt ist, dass das Ziel 12 km östlich und 5 km nördlich von Helgoland liegt, die Koordinaten sind also 12 und 5 (12; 5). Die Reise geht daher entweder 12 km nach Osten und dann 5 km nach Norden, oder man berechnet die korrekte Richtung (22° Ost-Nordost) und fliegt die 13 km direkt dorthin.

Descartes kam auf die Idee, Geometrie und Algebra zu kombinieren. Er führte also in Gleichungen wie $ax^2 + by^2 = c$ die Schreibweise mit x, y und z für unbekannte und a, b und c für bekannte Größen ein. Er schrieb als Erster x^2 für $x \cdot x$ und y^3 für $y \cdot y \cdot y$. Angeblich kamen ihm all diese Gedanken, als er morgens im Bett lag und eine Fliege an der Decke betrachtete.

Kartesische Koordinaten

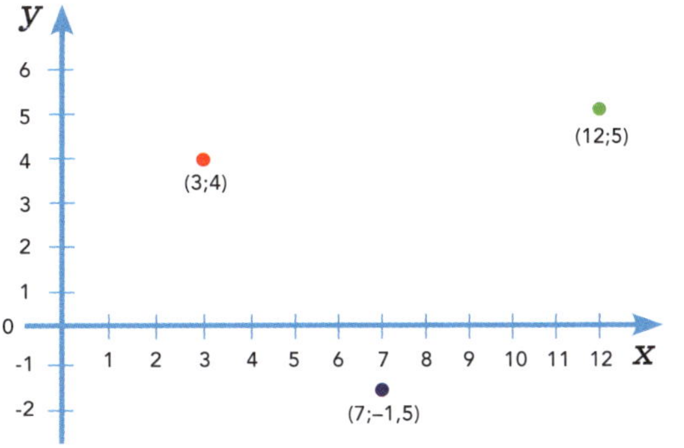

In der analytischen Geometrie hat jeder Punkt der Ebene ein Paar Koordinaten aus reellen Zahlen. Die Punkte im Diagramm rechts sind (3;4), (7;–1,5) und (12;5). Dabei wird Ost durch +x und Nord durch +y ersetzt. Auch negative Koordinaten sind möglich.

Mit solchen Koordinaten lassen sich aus Gleichungen nun Bilder zeichnen. Haben wir zum Beispiel $y = (x/2) - 2$, dann gilt für $x = 0$ eben $y = -2$; für $x = 4$ gilt $y = 0$; und für $x = 10$ gilt $y = 3$. Das Bild (der Graph) dieser Gleichung ist eine Gerade durch diese Punkte.

Kartesische Koordinaten lassen sich auch in drei Dimensionen angeben. Ein Punkt im »euklidischen Raum« wird durch die Variablen x, y und z bestimmt.

Der Reiz der kartesischen Koordinaten liegt darin, dass es damit möglich ist, geometrische Aufgaben in solche mit Zahlen umzuwandeln (und umgekehrt). Man kann Kurven algebraisch beschreiben und mit Algebra Entfernungen, Winkel zwischen Geraden, Flächen und Schnittpunkte berechnen.

Es gibt auch andere Koordinatensysteme, unter denen die Polarkoordinaten die bekanntesten sind. Hier wird ein Punkt in der Ebene durch den Abstand r vom Ursprung (dem Pol) und den Winkel θ gegen die x-Achse angegeben. Dieses System kommt beispielsweise häufig in der Physik zur Anwendung, wenn es um Kreisbewegungen geht.

Das sphärische Koordinatensystem (oder Kugelkoordinaten) sind Polarkoordinaten in drei Dimensionen. Außerdem gibt es Systeme mit stark begrenzter Anwendbarkeit, etwa kanonische Koordinaten, die in der Hamilton'schen Mechanik (bei Bewegungsgleichungen) verwendet werden.

Dennoch könnte keines dieser Systeme die kartesischen Koordinaten ersetzen, sie sind zugleich anschaulich und kinderleicht in der Anwendung.

1653

MATHEMATIKER:
Blaise Pascal

ERGEBNIS:
Gewinnen im Glücksspiel lässt sich berechnen.

WIE STEHEN DIE CHANCEN?

DIE ERFINDUNG DER WAHRSCHEINLICHKEITSTHEORIE

Antoine Gombaud, genannt Chevalier de Méré, war Mitte des 17. Jahrhunderts einer der Stars in den französischen Salons. Der geistreiche und kultivierte Edelmann war aber auch ein Glücksspieler, und so beschäftigte ihn die Frage, wie man beim Abbruch eines Spiels den Gewinn fair aufteilen könnte. Normalerweise war ein Spiel erst abgeschlossen, wenn einer der Spieler eine bestimmte Anzahl an Runden gewonnen hatte. Wie ließe sich der Einsatz also bei vorgezogenem Spielende so aufteilen, dass die Anzahl der Runden berücksichtigt würde, die jeder der Akteure tatsächlich gewonnen hatte?

Ein Minenfeld

Gombaud war mit einigen bedeutenden Mathematikern im Salon von Marin Mersenne bekannt und legte ihnen 1652 sein Problem vor. Zwei Männer nahmen die Herausforderung an: der brillante französische Philosoph und Mathematiker Blaise Pascal und der ebenso vortreffliche Pierre de Fermat. Gombaud ahnte nicht, was er da in Gang setzte. In ihrem ausgedehnten Briefwechsel legten die beiden Wissenschaftler die Fundamente der Wahrscheinlichkeitstheorie.

Schon im Jahrhundert zuvor hatten italienische Mathematiker wie Luca Pacioli, Girolamo Cardano und Niccolò Tartaglia Ideen entwickelt, welche Chancen bestimmte Zahlen beim Würfeln oder ein bestimmtes Blatt beim Kartenspiel hätten. Doch ihre Erkenntnisse blieben teils vage, teils waren sie schlicht falsch. Da hatte das Werk von Fermat und vor allem von Pascal ein ganz anderes Niveau.

Die Bemühungen Pascals und Fermats waren deutlich tragfähiger: Über Jahre arbeitete Pascal an dem Problem und erkannte, dass die Wahrscheinlichkeit eines Ereignisses dem Anteil am Gesamtvorkommen entspricht. Ein Würfel hat sechs Flächen: Dafür, das eine bestimmte Augenzahl gewürfelt wird, besteht also eine Chance von eins zu sechs oder 1/6. Die Wahrscheinlichkeit eines Ereignisses ist die Anzahl der Möglichkeiten, dass es eintritt, geteilt durch die Gesamtanzahl aller Möglichkeiten.

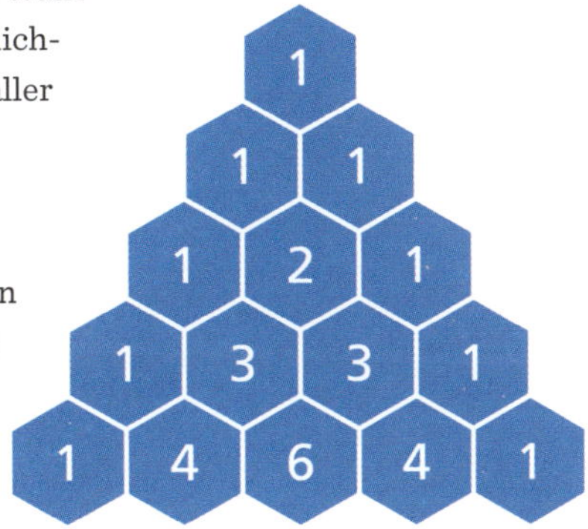

Das Pascal'sche Dreieck

Bei einem Würfel ist diese Rechnung einfach, aber schon bei zwei Würfeln oder 52 Spielkarten wird es schwierig: Wie viele Kombinationsmöglichkeiten gibt es für sechs Karten?

Pascal fand die Antwort in den Binomen, Ausdrücken aus zwei Termen, zum Beispiel $x + y$. In diesem Fall ist einer der Terme die Anzahl der möglichen Kombinationen, der andere ist die Gesamtanzahl der Objekte wie Karten oder Würfel. Die Wahrscheinlichkeit ergibt sich, indem man das Binom so oft wie gewünscht (n-mal) mit sich selbst multipliziert: $(x + y)^n$. Beim Potenzieren eines Binoms folgen die Koeffizienten, also die Zahlen vor den einzelnen Termen, bestimmten Mustern. Beispiele hierfür sind (die Koeffizienten sind kursiv): $(x + y)^2 = \mathit{1}x^2 + \mathit{2}xy + \mathit{1}y^2$; $(x + y)^3 = \mathit{1}x^3 + \mathit{3}x^2y + \mathit{3}xy^2 + \mathit{1}y^3$ ...

Das klingt immer noch sehr kompliziert, aber Pascal hatte eine Idee: Er schrieb die möglichen Spielausgänge Schritt für Schritt nieder, jeweils in einer eigenen Zeile. Je mehr Runden es gab, desto mehr Ergebnisse waren möglich. Es entstand ein gleichseitiges Dreieck aus Zahlen: Jede Zahl ist die Summe der beiden benachbarten Zahlen in der Reihe darüber.

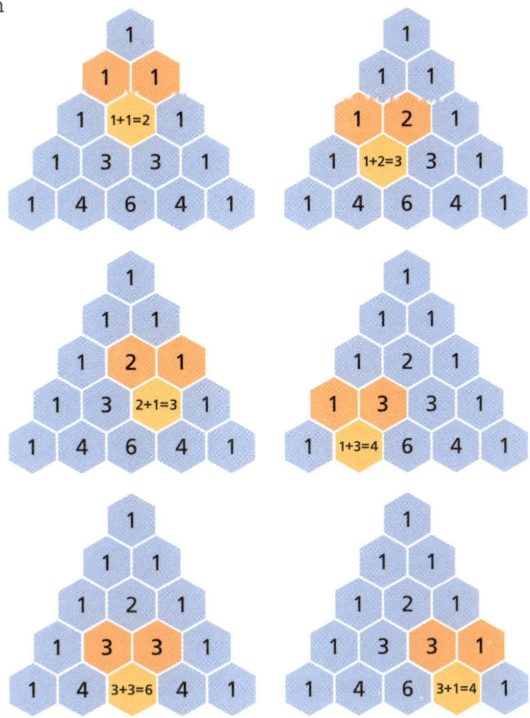

Die Zahlen in dem Dreieck passen genau auf die möglichen Kombinationen, wenn man eine bestimmte Anzahl von Objekten aus einer begrenzten Anzahl von Möglichkeiten wählt. Jede Zeile des Dreiecks gibt die Binomialkoeffizienten für eine bestimmte Potenz an: 1, 2, 1; 1, 3, 3, 1 (das lässt sich bis ins Unendliche fortführen). Man muss also nur in der richtigen Zeile nachschauen, um die Zahl der Möglichkeiten zu ermitteln. Diese Übereinstimmung zwischen den Binomialkoeffizienten und den Zahlen im Dreieick ist kein Zufall, sondern Ausdruck des grundlegenden Zusammenhangs zwischen Zahlen und Wahrscheinlichkeiten. Diese Entdeckung begründete die Wahrscheinlichkeitstheorie.

Das heute als »Pascal'sches Dreieck« bezeichnete Schema ist keine Erfindung Pascals. Schon um 450 v. Chr. wurde es in einem indischen Text als »Stufen des Berges Meru« dokumentiert. Doch erst Pascal hat das Dreieck wirklich populär gemacht.

Sierpiński-Dreiecke

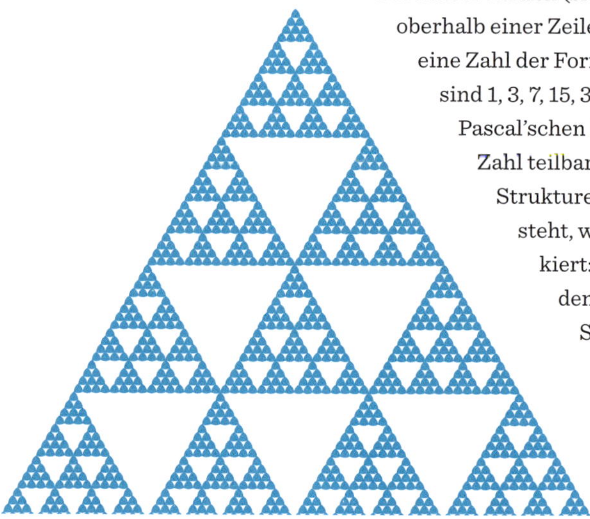

Mehr als Glücksspiel

Seit Pascals Zeiten haben Mathematiker immer wieder neue Muster in diesem Dreieck entdeckt. So ergeben die Summen in den »flachen Diagonalen« des Dreiecks beispielsweise Fibonacci-Zahlen (siehe S. 57). Addiert man die Zahlen oberhalb einer Zeile, erhält man eine Mersenne-Zahl, eine Zahl der Form $2^n - 1$. Die ersten Mersenne-Zahlen sind 1, 3, 7, 15, 31, 63, 127. Wenn man alle Zahlen im Pascal'schen Dreieck, die durch eine bestimmte Zahl teilbar sind, farbig markiert, werden fraktale Strukturen sichtbar. Ein anderes Muster entsteht, wenn man alle geraden Zahlen markiert: ein Sierpiński-Dreieck (benannt nach dem polnischen Mathematiker Wacław Sierpiński, 1885–1969).

Das Pascal'sche Dreieck scheint eine Art Goldmine der Mathematik zu sein – je tiefer man vordringt, umso mehr Geheimnisse werden enthüllt.

WIE BERECHNET MAN GESCHWINDIGKEIT?

DIE ERFINDUNG DER DIFFERENZIAL- UND INTEGRALRECHNUNG

1665

MATHEMATIKER:
Isaac Newton
Gottfried Wilhelm Leibniz

ERGEBNIS:
Mit der Differenzialrechnung kann man Änderungen in unendlich kurzer Zeit ermitteln.

Isaac Newton war ein kränkliches Kind. Bei seiner Geburt am 4. Januar 1643 war er so klein und schwach, dass man fürchtete, er würde die Nacht nicht überleben. Sein Vater war kurz zuvor gestorben. Als er zwei Jahre alt war, heiratete seine Mutter erneut und ließ den Jungen bei den Großeltern. Er wuchs einsam und in sich gekehrt auf, war aber von außergewöhnlicher Intelligenz. Newton interessierte sich für enorm viele Themen und wurde zu einem der bedeutendsten Naturforscher aller Zeiten.

Landleben zu Zeiten der »Großen Pest«
Newtons Lehrer verhalf ihm zu einem Jura-Studienplatz in Cambridge. Doch während der Pestepidemie 1665 wurde die Universität geschlossen, und Newton kehrte aufs Land zurück.

Dort arbeitete er an einer Reihe von Fragestellungen, zu den Farben des Regenbogens oder den Bahnen des Mondes und der Planeten. In der Mathematik erfand er die Differenzialrechnung. 50 Jahre später schrieb er: »All dies geschah in den Pestjahren 1665 und 1666, denn zu dieser Zeit war ich im besten Alter für Entdeckungen und interessierte mich mehr für Mathematik und Philosophie als jemals danach.«

Heute werden die Differenzial- und Integralrechnung (zusammenfassend: Infinitesimalrechnung) von Ingenieuren, Naturwissenschaftlern, Medizinern, Informatikern und Ökonomen angewandt. Newton wollte damit aber nur ein Problem des italienischen Gelehrten Galileo Galilei lösen.

Galileis Fallgesetze
In den 1590er-Jahren untersuchte Galilei den freien Fall. Aristoteles hatte behauptet, schwere Dinge würden schneller

fallen als leichte: Ein ganzer Ziegelstein stürze doppelt so schnell hinab wie ein halber. Galileo widersprach und ließ der Legende nach Gegenstände verschiedenen Gewichts vom Schiefen Turm von Pisa fallen, um zu zeigen, dass sie alle gleich schnell fielen.

Dann verfeinerte er seine Versuche: Er schnitzte eine Rinne in einen Balken, kleidete sie aus, hob ein Ende an und ließ eine polierte Bronzekugel hinabrollen. Mit dieser schiefen Ebene (die den Fall verlangsamt) konnte er die Dauer genauer messen.

Beim Hinabrollen wurde die Kugel schneller und schneller. Galilei zeigte, dass sie eine Längeneinheit in einer Sekunde, vier Einheiten in zwei Sekunden, neun Einheiten in drei Sekunden und 16 Einheiten in vier Sekunden zurücklegte. Die Strecke wuchs proportional zum Quadrat der Zeit. Offenbar beschleunigte die Kugel mit einer konstanten Rate – oder wie er es ausdrückte: »Beim Start aus dem Ruhezustand nimmt in gleichen Zeiträumen die Geschwindigkeit um gleiche Beträge zu.« Er konnte die Bewegung jedoch nicht mathematisch beschreiben. Erst Newton griff das Thema 70 Jahre später wieder auf.

Newtons Idee der Fluxion

Newton erkannte, dass er die momentane Änderungsrate der Position ermitteln musste, um die Geschwindigkeit von Galileis Kugeln zu einem beliebigen Zeitpunkt berechnen zu können. Die Kugel legte in der Zeit (t) die Strecke (d) zurück, und die Strecke war proportional zum Quadrat der Zeit. Angenommen, die Zeit nimmt um den kleinen Betrag q zu, dann würde die Kugel in dieser kurzen Zeit (q) die Strecke $(t + q)^2 - t^2$ zurücklegen, also $(2tq + q^2)$. Während t zu (t + q) anwächst, wird die mittlere Änderungsrate (Newton nannte sie »Fluxion« der Strecke d) zu $(2tq + q^2) \div q$ oder (2t + q). Aber q ist nur klein, und wenn sie schrumpft, nähert sich die Änderungsrate (2t + q) immer mehr 2t an. Im Grenzwert, wenn q gegen null geht, wird die Änderungsrate gleich 2t. Dies nennt man diffe-

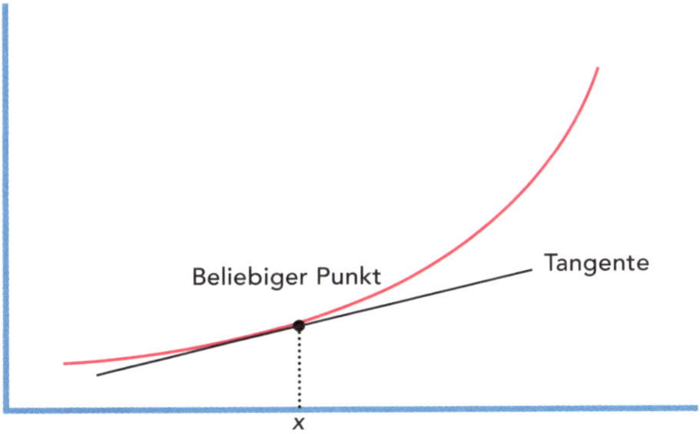

Kurve mit der momentanen Änderungsrate

renzieren, und die Methode heißt Differenzialrechnung. Heute sagt man: Das Differenzial von t^2 ist 2t.

Es war ein gewaltiger Fortschritt, denn Newton hatte hier einen unendlich kleinen Zeitraum betrachtet. Die Differenzialrechnung erlaubt es, die Steigung einer Kurve zu berechnen. Wenn die Kurve der Graph von t^2 ist, dann können wir zu jedem Punkt die Steigung der Kurve (die Tangente) angeben.

Newton stellte sein Werk *Methodus Fluxionum et Serierum Infinitarum* (Die Methode der Fluxionen) zwar schon 1671 fertig, es erschien aber erst 1736, lange nach seinem Tod. Er hatte die Differenzialrechnung aber bereits angewandt, als er die Planetenbewegung und weitere Probleme studierte. Wie auch sein Konkurrent Leibniz erkannte Newton, dass die Berechnung der Steigungen von Kurven mit der Bestimmung von Flächeninhalten zusammenhängt – sie sind invers, heben einander auf. Somit konnten die Grundlagen für die Integralrechnung von Flächen und die Differenzialrechnung zu einem geschlossenen mathematischen Verfahren verbunden werden.

Der berühmte Prioritätenstreit

Etwa 1673 hatte der deutsche Universalgelehrte Gottfried Wilhelm Leibniz unabhängig von Newton ebenfalls eine Methode zur Differenzialrechnung entwickelt und sofort publik gemacht. Bald brach ein erbitterter Streit aus, in dessen Verlauf beide Männer einander beschuldigten, ihre Ergebnisse gestohlen zu haben. Doch da Leibniz seine zuerst veröffentlicht hatte und eine einfachere Schreibweise verwendete, setzte sich dieses System letztlich durch.

4. KAPITEL Mathematik als Schlüssel zum Universum: 1666–1796

Isaac Newton schrieb in einem Brief den berühmten Satz: »Wenn ich weiter geblickt habe, so deshalb, weil ich auf den Schultern von Riesen stehe.« Dasselbe lässt sich auch über die mathematischen Entdeckungen nach der Erfindung der Differenzial- und Integralrechnung durch ihn und Leibniz sagen. Sie legten den Grundstein für die Entwicklung neuer mathematischer Verfahren und Instrumente zur Entschlüsselung der Geheimnisse des Universums. Nachfolgende Generationen griffen diese Ideen auf – wobei zwei Wissenschaftler unter ihnen herausragten.

Die Zeit nach Newton wurde von Leonhard Euler geprägt, dem wiederum einer der ganz wenigen ebenbürtigen Gelehrten folgte – Carl Friedrich Gauß. Beide gehörten zweifelsohne zu den bedeutendsten Mathematikern, die je gelebt haben. Sie leisteten wichtige Beiträge in unterschiedlichsten Gebieten, von der klassischen Mechanik bis zur Zahlentheorie. Es gab noch weitere herausragende Mathematiker, vor allem Joseph-Louis Lagrange und Daniel Bernoulli, die ebenfalls daran beteiligt waren, eine neue Mathematik für ein neues Zeitalter zu schaffen.

1731

MATHEMATIKER:
Leonhard Euler

ERGEBNIS:
Die Euler'sche Zahl *e* beschreibt das konstante Wachstum.

WIE LAUTET DIE EULER'SCHE ZAHL?

DIE ZAHL HINTER DEM WACHSTUM

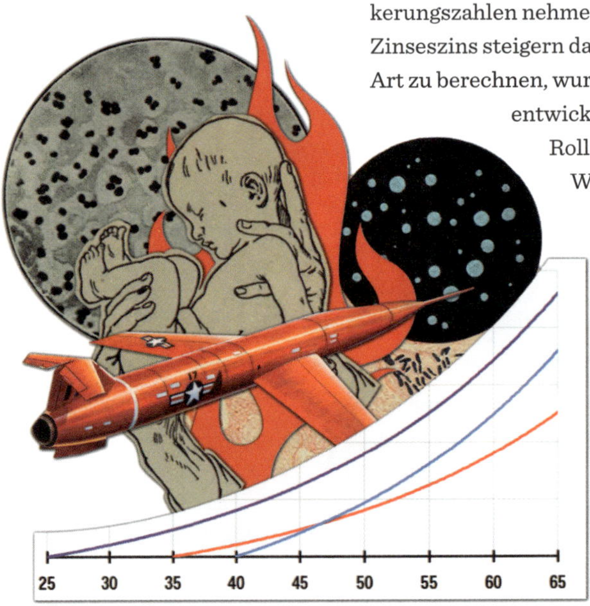

Alles wächst, ständig: Bakterien vermehren sich, die Bevölkerungszahlen nehmen zu, Feuer breitet sich aus, Zins und Zinseszins steigern das Vermögen. Um Veränderungen dieser Art zu berechnen, wurden Integral- und Differenzialrechnung entwickelt. Darin spielt eine Zahl eine besondere Rolle – die Euler'sche Zahl *e*. Wer sich mit Wachstum oder Änderungsraten befasst, kommt um *e* nicht herum.

Die Zahl π (Pi) war schon im alten Ägypten bekannt (siehe S. 25). Die praktische Bedeutung dieser geometrischen Konstante ist unübersehbar: Sie wird für die Berechnung der Fläche eines Kreises benötigt. Doch dass man die Zahl *e* braucht, um Wachstumsprozesse zu berechnen, wusste man bis zum 18. Jahrhundert nicht. Niemand hatte sich bis dahin mathematisch damit befasst.

Logarithmentafeln

Die Konstante tauchte erstmals auf, als Mathematiker im 17. Jahrhundert Logarithmen entwickelten. Im Grundlagenwerk von John Napier (siehe S. 63) sind die natürlichen Logarithmen verschiedener Zahlen aufgeführt.

Logarithmen beschreiben das Wachstum, und die natürlichen Logarithmen werden zur Basis der Zahl *e* gebildet, nicht wie gewöhnlich zur Basis 10. Allerdings arbeitete Napier nicht mit dem Begriff *e*, daher wurde die Bedeutung der Konstante nicht erkannt. Wenig später entdeckte der niederländische

Wissenschaftler Christiaan Huygens die »logarithmische« Kurve in einem Graphen.

Huygens' Kurve bezeichnet man heute als Exponentialkurve, und der Schlüssel dazu ist *e*. Unter »exponentiellem Wachstum« stellen sich viele einfach nur »schnell und immer schneller« vor. Aber der Begriff ist klar definiert: Exponentielles Wachsum ist zu jedem Zeitpunkt proportional zu der jeweils betrachteten Größe. Eine Kaninchenpopulation beispielsweise, die sich jeden Monat verdoppelt, wächst exponentiell von 2 auf 4, 8, 16, 32, 64, 128 und so fort heran.

Zins und Zinseszins

Wie wichtig *e* ist, zeigte sich 1683, als der Schweizer Mathematiker Johann Bernoulli den Zinseszins berechnete. Angenommen, die Bank würde 100 % Zinsen auf die Einlage von 1 € zahlen. Dann wären es nach Ablauf eines Jahres 2 €. Was geschieht, wenn man 50 % Zins für sechs Monate erhält? Nach sechs Monaten sind 0,50 € fällig, sodass nun 1,50 € verzinst werden. Nach einem Jahr liegt die Summe bei 2,25 €.

Je häufiger also die Zinsen gutgeschrieben werden, desto höher fällt die Summe aus. Gleichzeitig wird der jeweils gutgeschriebene Gewinn immer geringer. Würden die Zinsen auf 1 € Tag für Tag gutgeschrieben, kämen in einem Jahr 2,71 € zusammen. Bei kontinuierlicher Zinsgutschrift liegt der jeweils aktuelle Zugewinn praktisch bei null.

e hat was!

Bernoulli wusste, dass die Zahl für dieses Wachstum zwischen 2 und 3 liegen musste, aber er konnte sie nicht exakt berechnen und stellte keine Verbindung zu den Logarithmen her. Leonhard Euler erkannte den Zusammenhang. In einem Brief von 1731 an Christian Goldbach nannte er die Zahl *e* – »e« ist zwar der Anfangsbuchstabe seines Namens (oder auch von »exponentiell«), aber wahrscheinlich wählte Euler das »e«, weil es der erste Vokal nach »a« ist.

Viel wichtiger als der Name dieser Zahl, die später als Euler'sche Zahl (oder Konstante) bekannt wurde, war ihre Berechnung. Euler veröffentlichte den Wert 1748 in seiner *Einleitung in die Analysis des Unendlichen.* Dazu erfand er die »Fakultät«: »Zwei Fakultät« (geschrieben 2!) bedeutet $1 \cdot 2 = 2$; »drei Fakultät« oder 3! ist $1 \cdot 2 \cdot 3 = 6$ und so fort. Um die Fakultät einer bestimmten Zahl zu berechnen, multipliziert man alle Zahlen von 1 bis zu dieser Zahl. Für die Berechnung von e addierte Euler die Brüche mit Fakultäten im Nenner:

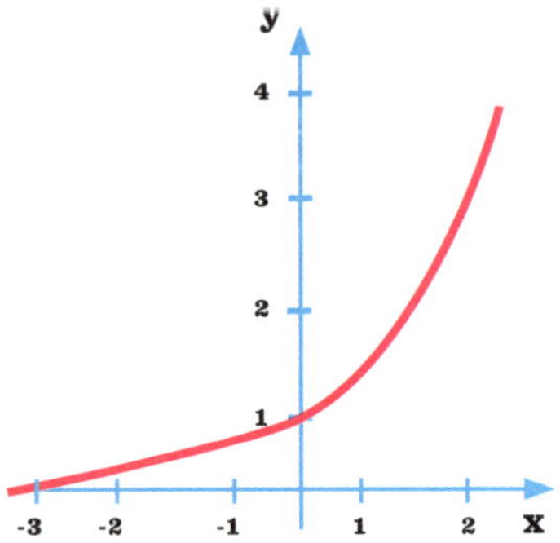

Die Funktion $y = e^x$

$e = 1 + 1/1! + 1/2! + 1/3! \ldots$ oder $2 + 1/2 + 1/6 = 2{,}666\ldots$

$e = 1 + 1/1! + 1/2! + 1/3! + 1/4!$ oder $2 + 1/2 + 1/6 + 1/24 = 2{,}708333\ldots$

Je mehr Brüche man berücksichtigt, desto näher kommt man dem Wert von e. Euler berechnete e auf 18 Stellen nach dem Komma:

$e = 2{,}718281828459045235$

1962 wurde e zwar auf 1271 Stellen bestimmt, aber niemand hatte das Bedürfnis, e genauso exakt zu berechnen wie π. Für die meisten Zwecke reicht Eulers Wert absolut aus.

Das konstante Wachstum

Das Besondere an e ist, dass es das konstante Wachstum beschreibt. Wenn man das Wachstum von y in Abhängigkeit von x als e^x visuell darstellt, dann ist der Wert e^x für jedes y gleich e^x, die Steigung der Kurve ist e^x, und die Fläche unter der Kurve ist ebenfalls e^x. Man kann also eines aus dem anderen berechnen. Die moderne Analysis (Integral- und Differenzialrechnung) wäre ohne e erheblich schwieriger.

Euler erfand noch ein weiteres mathematisches Zeichen: Die Wurzel aus –1 nannte er »i«. Seine Symbole vereinte er mit Pi in einer Formel, in der manche nicht nur die schönste Gleichung überhaupt sehen, sondern die aus Sicht vieler Mathematiker auch die gesamte Mathematik zusammenfasst:

$$e^{i\pi} + 1 = 0$$

$$e^{i\pi} + 1 = 0$$

ÜBER SIEBEN BRÜCKEN MUSST DU GEH'N

DIE GEBURT DER GRAPHENTHEORIE

1736

MATHEMATIKER:
Leonhard Euler

ERGEBNIS:
In der Graphentheorie untersucht man Eigenschaften und Verbindungen von grafischen Strukturen.

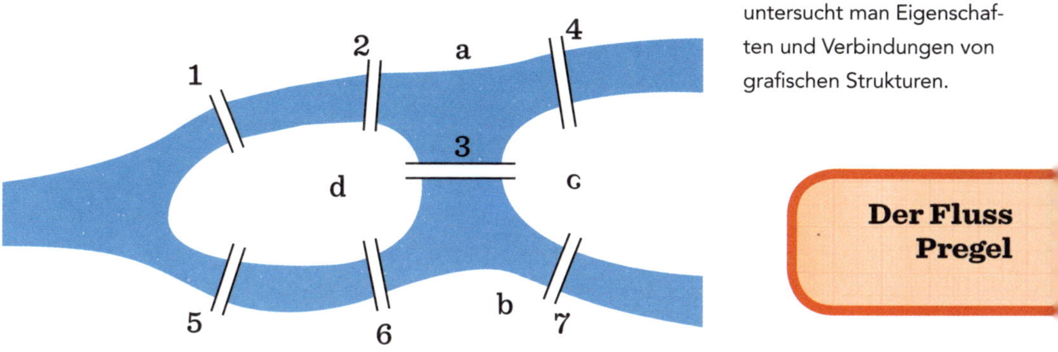

Der Legende nach machten die Bürger von Königsberg in Ostpreußen (heute Kaliningrad, Russland) ihren Sonntagsspaziergang um die Altstadt, entlang des Ufers des Pregel und über die sieben Brücken, die die Flussufer und die beiden Inseln im Fluss verbanden. Sie hatten den Ehrgeiz, jede der Brücken bei einem Rundgang nur einmal zu überqueren. Doch das gelang niemandem. Warum?

Nehmen wir an, man beginnt im Nordwesten und geht über Brücke 1 zur Insel d und über Brücke 2 zurück ans Festland a. Über Brücke 4 gelangt man auf Insel c, über 3 wieder auf Insel d und über 5 und 6 zum Festland b und zurück – aber dann befindet man sich auf der ersten Insel und hat Brücke 7 noch nicht überquert.

Gäbe es nur die Brücken 1, 5, 6 und 2 oder aber 1, 5, 7 und 4, wäre es leicht, doch die Querung aller sieben Brücken ist eine echte Herausforderung. Die Inseln erschweren das Ganze zusätzlich. Auf den ersten Blick könnte man meinen, man bräuchte eine gerade Anzahl an Brücken. Aber auch mit fünf Brücken kann man zurück zum Start gelangen: 1, 5, 6, 3 und 4. Es muss die Königsberger zur Verzweiflung gebracht haben.

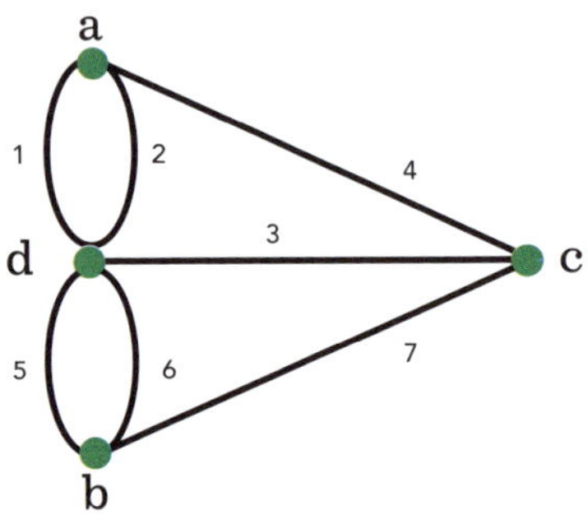

Eulers Lösung

Graphentheorie

Das Rätsel wurde letztlich von dem Schweizer Mathematikgenie Leonhard Euler gelöst. Er konnte zeigen, dass die Route an Land keine Rolle spielt, sondern lediglich die Anordnung der Brücken. Seinen Ansatz illustrierte er durch eine Reduktion der geografischen Situation auf einen Graphen. Darin stellen die grünen Punkte (er nannte sie »Knoten«) das Land dar und die schwarzen Linien (»Kanten«) die Brücken.

Euler fand die Lösung, indem er bewies, dass man die Brücken nicht ohne Wiederholung durchlaufen kann. Mit einer neuen Methode konnte er auch Situationen darstellen, in denen es einen Weg gab – aber Königsberg gehörte nicht dazu.

Wesentlich ist nicht die genaue Geometrie der Wege, sondern die Verteilung der Wendepunkte. Damit reduzierte Euler das Problem auf ein Netz von Knoten und Kanten.

Vielseitiges Netz

Auf diese Weise schuf Euler ein universelles Verfahren: Denn man kann auch jedes ähnliche Problem durch die Reduktion auf Kanten und Knoten lösen. Weder die Kanten noch die Knoten müssen der Wirklichkeit ganz entsprechen, lediglich die Knoten sollten die tatsächliche Situation in etwa widerspiegeln.

Diese einfache Idee machte aus einem geografischen ein mathematisches Problem. Kartenzeichner griffen das Prinzip ebenfalls auf: In der Regel genügt es, nur die Verbindung zwischen verschiedenen Orten darzustellen, nicht jedes Detail auf dem Weg. Wir kennen das von den Streckennetzplänen der Fluglinien oder des öffentlichen Nahverkehrs.

Gute Verbindungen

Königsberg stellte sich für Euler also als vier Knoten und sieben Kanten dar. Jeder Knoten ist mehrfach verbunden: Drei von ihnen durch drei Kanten, die zentrale Insel sogar durch fünf. Die Anzahl der Kanten, die zu einem Knoten führen, heißt »Valenz«. Es ist die zentrale Größe in der Topologie, einem wichtigen Teilgebiet der Mathematik, das durch Eulers Arbeiten zum Königsberger Brückenproblem angeregt wurde.

Euler suchte nun nach geschlossenen Wegen, die am selben Punkt beginnen und enden, sowie nach offenen Wegen mit unterschiedlichem Ausgangs- und Endpunkt. Klar ist, dass es keinen Rundweg gibt, wenn alle Knoten durch eine ungerade Anzahl an Kanten verbunden sind. Für einen Rundweg braucht man mindestens einen Knoten mit einer geraden Anzahl an Kanten. Dasselbe gilt für offene Wege. Wie auch immer man den Weg durchläuft, es muss mindestens zwei Knoten mit einer geraden Anzahl an Kanten geben, einen für den Start und einen für das Ende des Weges.

Euler lieferte einen mathematischen Beweis dafür, indem er die Anzahl der Kanten in Form von Zahlen angab. Heute kennt man auch einfachere Beweise.

Und wohin jetzt?

Eulers Lösung – besser: sein Beweis, dass es keine Lösung gibt – war raffiniert. Sein Ansatz, das Problem auf Knoten und Kanten zu reduzieren, um es mathematisch behandeln zu können, hat sich in einer Weise weiterentwickelt, die selbst er nicht hätte vorhersehen können.

Zum einen verfügte die Mathematik nun über ein neues Verfahren zur Lösung solcher und ähnlicher Probleme. Anwendungen dafür schossen wie Pilze aus dem Boden. Heute plant man beispielsweise Güterlogistik damit. Zum anderen führten die Euler'schen Wege zu der Erkenntnis, dass Netze, Flächen und Layouts ein eigenes mathematisches Gebiet bilden: die Topologie. Diese Disziplin erlebte ihre erste Blüte Anfang des 20. Jahrhunderts, als man mehrdimensionale Räume erforschte und in der Topologie Verfahren zur Lösung komplexer Gleichungen fand. Auch heute ist die Topologie überaus aktuell, wie etwa die Arbeiten der früh verstorbenen Fields-Preisträgerin Maryam Mirzakhani (siehe S. 168) zur hyperbolischen Geometrie belegen. Eulers Brücken haben es weit gebracht!

1742

MATHEMATIKER:
Christian Goldbach

ERGEBNIS:
Goldbachs berühmte Vermutung zu Primzahlen ist bis heute nicht bewiesen.

DAS RÄTSEL DER PRIMZAHLEN

LASSEN SICH GERADE ZAHLEN IN PRIMZAHLEN ZERLEGEN?

Die Mathematiker des 17. und 18. Jahrhunderts waren fasziniert von der Idee der (ganzen) Zahlen. Sie widmeten sich ihr mit rein intellektueller Neugier, ohne nach einem praktischen Nutzen zu suchen. Die klügsten Köpfe ihrer Zeit beschäftigten sich mit etwas, das manche als Spielerei bezeichnen würden. Die Zahlentheorie, so nannte man dieses Teilgebiet der Mathematik, war für sie die reinste Form der geistigen Betätigung: ein Rätsel, an dem man am Schreibtisch mit nichts als Papier und Stift arbeiten konnte.

Einer dieser Zahlenspieler war Christian Goldbach. Auch wenn er nicht als herausragender Mathematiker in die Geschichte einging, so formulierte er doch einen einfachen, aber bemerkenswerten Satz. Dieser wurde als Goldbach'sche Vermutung bekannt und hat sich bis heute allen Beweisversuchen widersetzt. Damit ist dieser Satz eines der ältesten ungelösten mathematischen Probleme.

Im Zentrum der Mathematikwelt

Goldbach wurde 1690 im ostpreußischen Königsberg geboren (heute Kaliningrad, Russland), zu jener Zeit ein intellektuelles Zentrum. Hier lebte der Philosoph Immanuel Kant sowie mit Leonhard Euler einer der bis heute bedeutendsten Mathematiker, ein Wegbereiter der Zahlentheorie.

Mit 35 Jahren wurde Goldbach Professor für Mathematik und Geschichte an der Kaiserlichen Akademie zu Sankt Petersburg. Offenbar konnte er gute Verbindungen zum Hof knüpfen, denn drei Jahre später wurde er Privatlehrer des jungen Zaren Peter II., und 1742 wurde er ins russische Außenministerium berufen. Damals entwickelte er die ersten Ansätze jener Idee, die seinen Namen unter Mathematikern bis in die Gegenwart berühmt machen sollte.

Die Goldbach'sche Vermutung

Am 7. Juni 1742 schilderte Goldbach in einem Brief an Euler voller Begeisterung eine bemerkenswerte Entdeckung im Zusammenhang mit Primzahlen, die ihm soeben gelungen war – wie er zumindest glaubte. Eine Primzahl ist nur durch eins und durch sich selbst teilbar. »Jede Zahl, die sich als Summe zweier Primzahlen darstellen lässt, lässt sich auch als Summe von beliebig vielen Primzahlen darstellen, bis man nur noch Elementareinheiten addiert.«

Mit anderen Worten: Jede Zahl größer als zwei lässt sich als Summe von Primzahlen darstellen.

Euler war fasziniert von dieser Idee, und die beiden Mathematiker korrespondierten einige Male darüber. Euler gab der Vermutung schließlich eine andere Richtung und behauptete, dass jede gerade Zahl sich in zwei Primzahlen aufspalten lasse:

$6 = 3 + 3$
$8 = 3 + 5$
$10 = 3 + 7 = 5 + 5$
$12 = 7 + 5$
...
$100 = 3 + 97 = 11 + 89 = 17 + 83 = 29 + 71 = 41 + 59 = 47 + 53$

Und so immer weiter. Das war eine ganz einfache und doch weitreichende Behauptung. In einem Brief vom 30. Juni 1742 schrieb Euler, er sei von der Wahrheit der Goldbach'schen Vermutung überzeugt, könne sie aber nicht beweisen. Und das ist seither auch keinem anderen Mathematiker gelungen.

Beweisversuche

Im Zuge des Briefwechsels zwischen den beiden Königsbergern wurde der Satz mehrfach umformuliert. Heute gibt es

zwei Versionen der Goldbach'schen Vermutung: die »schwache« und die »starke« Fassung, die – wenn sie erst einmal bewiesen ist – die schwache Version mitbeweist. Der schwachen Vermutung zufolge – im Kern die ursprüngliche Aussage Goldbachs – lässt sich jede ungerade Zahl als Summe von höchstens drei Primzahlen ausdrücken. Die starke Vermutung ist im Wesentlichen Eulers Satz, wonach gerade Zahlen die Summe von nur zwei Primzahlen sind.

Die Goldbach'sche Vermutung ist eine so einfache Aussage, dass sie Mathematiker schon immer umgetrieben hat. Was so simpel erscheint, muss doch eine tiefer liegende Wahrheit über Zahlen enthalten!

Ein Lösungsansatz war, eine Zahl zu finden, auf die die Vermutung nicht zutrifft. 2013 wurden computergestützt alle geraden Zahlen bis $4 \cdot 10^{18}$ (eine 4 mit 18 Nullen) durchprobiert. Es gab keine Ausnahme. Je größer eine Zahl, desto mehr Primzahlen lassen sich kombinieren, sodass es höchst unwahrscheinlich ist, dass jemals eine Ausnahme gefunden wird.

Doch für Mathematiker reicht »höchst unwahrscheinlich« nicht aus. Daher haben unzählige Spezialisten seither nach mathematischen Beweisen gesucht. Bisher wurden aber nur einige Varianten der Vermutung wirklich bewiesen. 1930 zeigte der sowjetische Mathematiker Lew Schnirelman, dass man jede Zahl als Summe von höchstens 20 Primzahlen schreiben kann. Und 1937 bewies Iwan Winogradow, ebenfalls aus der Sowjetunion, dass sich jede große ungerade Zahl aus drei Primzahlen bilden lässt.

Noch immer ist die Vermutung aktuell. Im Jahr 2000 lobte der Verlag Faber & Faber ein Preisgeld von einer Million US-Dollar für den Beweis der starken Vermutung aus. 2012 gelang dem Australier Terence Tao ein »Beinahebeweis« der schwachen Vermutung: Ungerade Zahlen können aus höchstens fünf Primzahlen gebildet werden. Aber bislang ist niemand der starken Vermutung beigekommen. Sie scheint sich auch den hellsten mathematischen Köpfen zu verweigern.

WIE BERECHNET MAN EINE STRÖMUNG?

DIE BEGRENZUNG EINES FLUSSES UND DIE ENERGIEERHALTUNG

UM 1750

MATHEMATIKER:
Daniel Bernoulli

ERGEBNIS:
Die Untersuchung des Blutflusses führte Bernoulli zu der Erklärung, warum die Geschwindigkeit einer Strömung abnimmt, wenn der Druck steigt.

Die Bernoulli-Gleichung, um 1730 aufgestellt von dem Schweizer Mathematiker Daniel Bernoulli, ist eine der grundlegenden Aussagen über die Strömung von Fluiden (Gase oder Flüssigkeiten). Demnach stehen unter bestimmten Bedingungen Druck und Geschwindigkeit im umgekehrten Verhältnis zueinander. Das bedeutet, je langsamer ein Fluid strömt, desto höher ist der Druck und umgekehrt. Die Bernoulli-Gleichung ist ein entscheidender Baustein in der Klärung von Fragen danach, warum die Tragflächen ein Flugzeug in der Luft halten oder Bälle eine gekrümmte Flugbahn beschreiben können.

Seine Entdeckung machte Bernoulli im Alter von knapp 30 Jahren als Mitglied der unter Zar Peter I. gegründeten Akademie der Wissenschaften in Sankt Petersburg. Dort arbeitete er eng mit dem ebenfalls Schweizer Mathematiker Leonhard Euler zusammen. Beide begeisterten sich für die Mathematik der Strömungen.

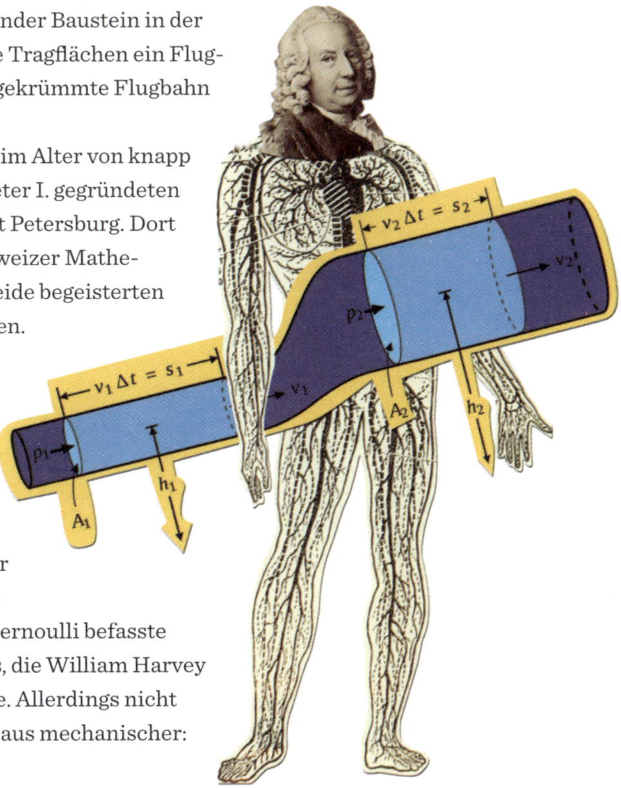

Der Fluss durch Venen und Arterien

Bernoullis Interesse an Fluidströmungen wurde bereits im Medizinstudium geweckt, nachdem sein Vater, der berühmte Mathematiker Johann Bernoulli, ihm Mathematik als Studienfach verweigert hatte. Daniel Bernoulli befasste sich mit der Theorie des Blutkreislaufs, die William Harvey ein Jahrhundert zuvor entwickelt hatte. Allerdings nicht aus medizinischer Sicht, sondern eher aus mechanischer:

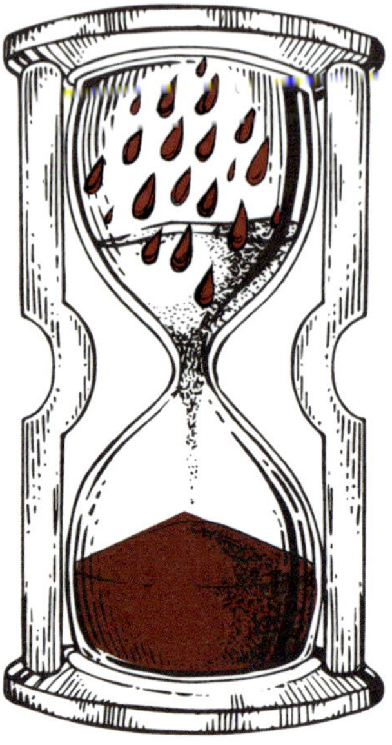

Er beobachtete, wie das Blut durch die Adern fließt und wie Blutdruck und -geschwindigkeit sich verändern. Später entwickelte er eine Sanduhr für die Seefahrt, in der der Sand auch bei stürmischem Wetter gleichmäßig fällt. Diese Erfindung machte ihn berühmt: Er erhielt den ersten Preis der Französischen Akademie der Wissenschaften und wenig später die Berufung nach Sankt Petersburg. Anhand der Sanduhr erklärte sich für ihn das Verhalten einer Flüssigkeit wie Blut beim Passieren einer Verengung.

Die Energieerhaltung

Eine weitere Erkenntnis kam aus einem Gebiet, auf das er schon als Jugendlicher in Gesprächen mit seinem Vater gestoßen war: die Energieerhaltung. Diesem Prinzip zufolge ändert sich die in einem System enthaltene Gesamtenergie nicht, wie oft sie auch umgewandelt wird. Beispielsweise hat man auf einer Schaukel am höchsten Punkt sehr viel »potenzielle« Energie. Beim Abschwung geht diese Energie verloren, dafür nimmt die Bewegung Tempo auf, sie gewinnt »kinetische« Energie. Diese Bewegungsenergie lässt die Schaukel auf der anderen Seite wieder in die Höhe schwingen.

Bei Versuchen, die er gemeinsam mit Euler durchführte, stellte Bernoulli fest, dass die Durchflussgeschwindigkeit von Wasser bei größerem Querschnitt eines Rohrs geringer ist als an engeren Stellen. Aufgrund des Gesetzes der Energieerhaltung variiert die Geschwindigkeit, nicht aber die Gesamtenergie. Doch wenn die Strömungsgeschwindigkeit (und damit die kinetische Energie) bei einer Verengung zunimmt, woher kommt diese zusätzliche kinetische Energie? Wie bei der Schaukel entsteht sie durch Umwandlung der potenziellen Energie, die wiederum auf den höheren Druck in den weiten Stellen des Rohrs zurückgeht. Anders als Gas, das sich durch Druck verdichten lässt, ist Wasser nicht komprimierbar. Damit ähnelt die Situation dem Rinnen von Sand durch den Hals des Stundenglases.

Doch die zusätzliche kinetische Energie an der Engstelle hat ihren Preis: Sobald der Fluss durch Verengung behindert wird und die Geschwindigkeit zunimmt, muss der Druck fallen.

Zum Beweis durchstach Bernoulli die Wand des Rohrs und setzte eine Glasröhre senkrecht in die Öffnung. Am Wasserstand in dieser Röhre konnte er den Druck im horizontalen Rohr ablesen. Dieses recht brutale Verfahren kam auch in der Medizin zur Anwendung: Lange war es üblich, ein Glasröhrchen in eine Arterie einzuführen, um den Blutdruck zu messen.

Das Bernoulli-Prinzip

Dass der Strom eines Fluids sich beschleunigt und der Druck sinkt, sobald es in eine Engstelle gerät, das ist das Bernoulli-Prinzip. Gut 20 Jahre später brachte es Euler in eine Formel, die heute als Bernoulli-Gleichung bekannt ist:

$$v^2/2 + gz + P/\rho = \text{konstant}$$

Darin ist v die Strömungsgeschwindigkeit, g die Fallbeschleunigung, z die Höhe, P ist der Druck an einem bestimmten Punkt, und ρ ist die Dichte des Fluids. Die Gleichung gilt für Gase ebenso wie für Flüssigkeiten, allerdings nur im sogenannten laminaren Fluss: Er ist glatt und gleichmäßig, alles bewegt sich mit derselben Geschwindigkeit in dieselbe Richtung. Im turbulenten Fluss gilt sie nicht.

Dass der Druck in einem schnell bewegten Strom abnimmt, spielt in vielen Zusammenhängen eine Rolle. Wenn beispielsweise die Luft über die gekrümmte Tragfläche eines Flugzeugs strömt, ist der Druck oberhalb geringer als an der Unterseite – es entsteht Auftrieb. Dasselbe gilt für geblähte Segel.

Bernoulli ließ sich Zeit damit, seine Ergebnisse zu veröffentlichen: Er wollte seinen Vater nicht noch mehr verärgern. 1738 schließlich erschien sein Buch *Hydrodynamica*, mit einer Widmung an den Vater. Doch der war alles andere als besänftigt und veröffentlichte eine Schrift zum selben Thema, *Hydraulica*. Darin übernahm er Ideen seines Sohnes und datierte das Buch vor, um das zu vertuschen. Dies führte zum endgültigen Zerwürfnis zwischen den beiden. Daniel Bernoulli wandte sich danach verstärkt der physikalischen Forschung zu.

1788

MATHEMATIKER:
Joseph-Louis Lagrange

ERGEBNIS:
Es gibt mathematisch zu berechnende Punkte im All, an denen sich die gegenseitige Anziehung dreier Körper genau ausgleicht.

WO KANN MAN IM WELTALL PARKEN?

DAS DREIKÖRPERPROBLEM

Seit Newton das Gravitationsgesetz hergeleitet hatte, waren Mathematiker vom Dreikörperproblem fasziniert. Hierbei geht es um die Bewegung von drei Himmelskörpern, die sich gegenseitig durch Gravitation anziehen.

1687 hatte Newton gezeigt, wie zwei Körper sich wechselseitig beeinflussen und sich entlang einer Linie durch ihre Schwerpunkte gegenseitig anziehen. Wenn man den Impuls der Körper kennt, der ihrer Anziehung entgegenwirkt, lässt sich ihre Bewegung recht leicht berechnen. Aber was geschieht, wenn man einen dritten Körper hinzufügt und so ein Dreieck bildet – etwa das aus Sonne, Erde und Mond?

Komplizierte Mechanik

Die dafür nötige Mathematik ist erstaunlich kompliziert. Noch heute, nachdem einige der bedeutendsten Mathematiker sich fast dreieinhalb Jahrhunderte daran abgearbeitet haben, ist die Sache nicht vollständig geklärt.

Die Gravitation funktioniert wechselseitig: Sonne, Mond und Erde haben jeweils ihre eigene Kraft, und sie werden von den anderen Körpern angezogen. Die Richtung der Kraft ändert sich aber in jedem Augenblick, wenn sich die Körper im All bewegen und ihren Abstand zueinander ständig ändern. Außerdem sind weder Erde noch Mond vollkommen rund, was die Schwierigkeit noch erhöht.

Die meisten Mathematiker versuchten, das Problem einzugrenzen, und betrachteten nur einen Teilaspekt, etwa die Mondbahn. Doch 1760 formulierte der Schweizer Leonhard Euler das »eingeschränkte Dreikörperproblem«, bei dem der dritte Körper unendlich (infinitesimal) klein ist und keine Anziehungskraft auf die anderen ausübt.

Dieses Problem faszinierte Joseph-Louis Lagrange, der Euler 1766 als Direktor der Königlich-Preußischen Akademie der Wissenschaften zu Berlin nachfolgte. Lagrange stammte aus Turin und war der Sohn eines einst wohlhabenden französischstämmigen Beamten, der sein Vermögen nach einer Spekulation verloren hatte. Der junge Lagrange war ein Wunderkind und erhielt schon mit 19 Jahren einen Lehrstuhl für Mathematik an der Königlichen Artillerieschule.

In Berlin vollendete er 1788 seine *Mécanique analytique* (*Analytische Mechanik*), vielleicht das wichtigste Werk zur mathematischen Physik in jenem Jahrhundert. Darin entwickelte Lagrange die »Variationsrechnung« und definierte damit die Mechanik von Grund auf neu, man spricht heute von der Lagrange-Mechanik: In seinem Modell standen nicht mehr wie bei Newton gerichtete Kräfte im Zentrum, sondern Arbeit und Energie. In der Newton'schen Mechanik muss man die Richtung kennen, in die die Kräfte wirken. Lagrange arbeitete mit richtungsunabhängiger Energie, was für die Berechnung von Teilchenbewegungen weit praktischer ist.

Die Lagrange-Mechanik ermöglichte eine einfachere Berechnung und ein tiefer gehendes Verständnis dafür, wie Bewegungen im Universum ablaufen. Die Methode ist rein algebraisch hergeleitet: Lagrange glaubte fest an die Kraft der analytischen Algebra und lehnte Diagramme in seinen Werken kategorisch ab.

Lagrange-Punkte

Beim Schreiben der *Analytischen Mechanik* beschäftigte sich Lagrange auch mit Eulers eingeschränktem Dreikörperproblem: Hier ist der dritte Körper so klein, dass er keine Gravitation auf die beiden anderen ausübt. Lagrange schränkte das Problem noch weiter ein, indem er nur Kreisbahnen betrachtete und die Coriolis-Kraft (eine Kraft, die durch die Rotation verursacht wird) vernachlässigte.

Er machte eine bemerkenswerte Entdeckung: Es gibt winzige Bereiche im All, wo die kombinierten Gravitationskräfte zweier großer Körper (zum Beispiel Sonne und Erde oder Erde und Mond) durch die Zentrifugalkraft eines kleinen Körpers exakt ausgeglichen werden. Diese Bereiche bezeichnet man heute als Lagrange-Punkte (oder Librationspunkte). Sie bilden eine Art »Parkplatz« im All, auf dem ein kleiner Körper – beispielsweise ein Asteroid oder ein Raumschiff – beliebig lange stehen kann. Die Punkte sind also ideale Orte für Satelliten. Im System Sonne–Erde gibt es fünf Lagrange-Punkte, doch ähnliche Punkte gibt es überall, wo Sterne und Planeten einander beeinflussen.

Parkplätze im All

Die ersten drei Lagrange-Punkte liegen alle auf einer Geraden zwischen Erde und Sonne und wurden schon von Euler als solche bestimmt. Der Erste, L_1, befindet sich etwa 1,5 Mio. km von der Erde entfernt – hier ist die Sonnenbeobachtungssonde SOHO angesiedelt. L_2 liegt etwa 1,5 Mio. km in die andere Richtung. Von hier aus wird die kosmische Hintergrundstrahlung (ein Überrest des Urknalls) untersucht, beispielsweise durch die NASA-Sonde WMAP und die ESA-Teleskope Herschel und Planck. L_3 ist von uns aus gesehen hinter der Sonne im selben Abstand wie die Erde verortet (1,5 Mio. km). Wissenschaftlich genutzt wird der Punkt noch nicht, da er durch die Sonne verborgen ist.

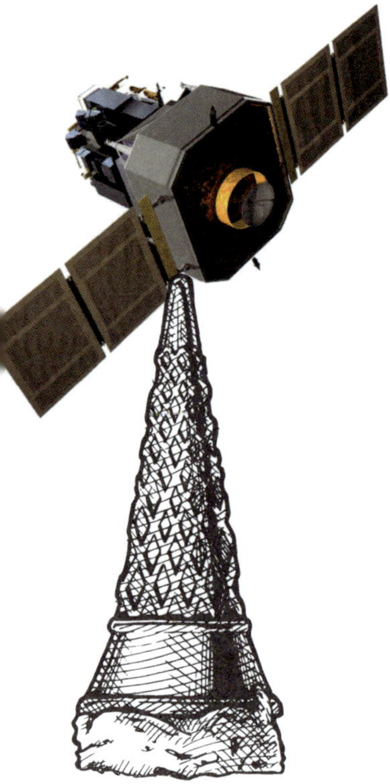

Diese ersten drei Lagrange-Punkte sind hochgradig instabil. Einen Satelliten dauerhaft dort zu halten, ist wie das Balancieren auf einer Bleistiftspitze – man muss ständig kleine Korrekturen vornehmen. Doch 1772 entdeckte Lagrange zwei weitere Punkte, L_4 und L_5. Sie liegen außerhalb der Verbindungslinie Erde–Sonne und bilden jeweils ein gleichseitiges Dreieck mit ihnen. Diese beiden Punkte sind so stabil, dass sich dort Staub und kleine Asteroiden ansammeln.

Es gibt auch die Ansicht, die Punkte L_4 und L_5 seien aufgrund ihrer Stabilität gut für eine künstliche Kolonie im All geeignet. Eines Tages, wenn die Erde unbewohnbar wird, könnte es sein, dass man dorthin umsiedeln muss …

DIE AMEISE AUF DEM BALL

DIE GAUSS'SCHE KRÜMMUNG UND ANDERE ENTDECKUNGEN

UM 1790

MATHEMATIKER:
Carl Friedrich Gauß

ERGEBNIS:
Die Summe der Innenwinkel eines Dreiecks auf einer Kugeloberfläche ist größer als 180°.

Carl Friedrich Gauß wurde 1777 in Braunschweig geboren. Der Tag wurde nicht überliefert, seine Mutter erinnerte sich aber daran, dass es Mittwoch in der Woche vor Himmelfahrt war. Himmelfahrt ist 39 Tage nach Ostern. Als Gauß später eine Formel zur Bestimmung des Osterdatums entwickelte, konnte er berechnen, dass er am 30. April geboren wurde.

Addiert die Zahlen von 1 bis 100!
Die wohl berühmteste Geschichte über den jungen Gauß geht so: Als er sieben Jahre alt war, wollte der Lehrer die Schüler beschäftigen und ließ sie alle Zahlen von 1 bis 100 addieren, also 1 + 2 + 3 + ... + 100. Gauß fand die Antwort in Sekunden: 5050.

Wahrscheinlich stellte er sich die Zahlen hintereinander in einer Zeile aufgeschrieben vor. In einer zweiten Zeile darunter standen dieselben Zahlen, nur in umgekehrter Reihenfolge. Dann addierte er die Spalten. Jede Spalte hat dieselbe Summe. Damit erhielt er 100 · 101 = 10 100. Aber da er die Zahlen doppelt genommen hatte, war das richtige Ergebnis die Hälfte davon, also 5050. Gauß hatte diese Rechnungen blitzschnell im Kopf durchgeführt.

Die Gauß'sche Krümmung
Die elementare Geometrie nach Euklid (siehe S. 34) behandelt nur ebene Flächen. Die Innenwinkel eines Dreiecks ergeben zusammen 180°, für gekrümmte Flächen gilt das aber nicht.

Schon der junge Gauß überlegte Folgendes: Der Nullmeridian und der Meridian bei 90° West treffen sich am Nordpol in einem Winkel von 90°. Beide schneiden aber auch den Äquator im 90°-Winkel. Die Innenwinkel dieses Dreiecks sind also zusammen $3 \cdot 90° = 270°$, nicht 180°. Gauß nannte diese Art der Geometrie »nichteuklidisch«.

Er beschrieb zudem, dass eine Ameise auf der Oberfläche eines riesigen Balls nicht sehen könnte, ob die Fläche eben oder gekrümmt ist. Aber sie könnte ein Dreieck zeichnen und dann prüfen, ob die Innenwinkel sich zu 180° addieren.

Als der Herzog von Braunschweig von Gauß' Begabung hörte, ließ er ihn an der Universität in Göttingen studieren. Dort machte Gauß im Alter von 19 Jahren eine Entdeckung, die die mathematische Welt erschüttern sollte.

Das regelmäßige 17-Eck

Pierre de Fermat (siehe S. 47) hatte eine Gruppe von Zahlen der Form $F = (2^x + 1)$ mit $x = 2^n$ untersucht. Die ersten vier Werte für F sind 3, 5, 17 und 257 – alles Primzahlen, die ihm zu Ehren »Fermat'sche Primzahlen« heißen.

Gauß zeigte, dass man nur mit Zirkel und Lineal ein regelmäßiges Vieleck konstruieren kann, wenn die Anzahl der Seiten eine Fermat'sche Primzahl ist (oder das 2-Fache, 4-Fache, 8-Fache, 16-Fache, jedenfalls eine Potenz von 2). Die Konstruktion eines 17-Ecks (oder 257-Ecks) war die erste neue geometrische Konstruktion seit der Antike.

Danach beschloss Gauß, Mathematiker zu werden. Vor seinem Tod verlangte er, man sollte ihm ein regelmäßiges 17-Eck auf den Grabstein meißeln. Der Steinmetz lehnte das aber ab, es sei zu kompliziert und würde ohnehin nur aussehen wie ein verunglückter Kreis.

Dreieckszahlen

Dreieckszahlen sind 1, 3, 6, 10, 15, 21 und so fort. Jede dieser Zahlen ist als gleichseitiges Dreieck aus Punkten darstellbar.

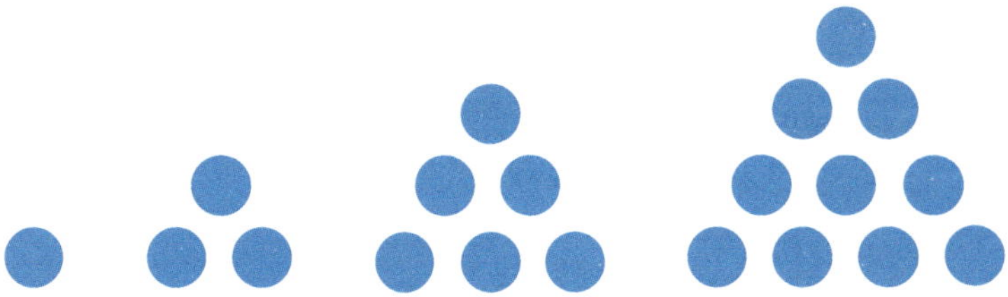

Gleichseitiges Dreieck aus Punkten

Am 10. Juli 1796 schrieb Gauß in sein Tagebuch »Heureka – num = Δ + Δ +Δ«. Er hatte den Beweis erbracht, dass sich jede Zahl als Summe von höchstens drei Dreieckszahlen ergibt (die Vermutung hatte schon Pierre de Fermat geäußert). So gilt beispielsweise

5 = 3 + 1 + 1,
7 = 6 + 1,
27 = 21 + 6 ...

Verteilung der Primzahlen

Wie viele Mathematiker war auch Gauß fasziniert von den Primzahlen und ihrer Verteilung. Die jeweils nächste Primzahl vorherzusagen, ist außerordentlich schwer, und sie werden immer seltener, je größer die Zahlen sind. Als Gauß Tafeln mit Primzahlen untersuchte, stieß er auf ein merkwürdiges Muster: Wenn eine Zahl N groß genug war (etwa ab 10 000), nahm die durchschnittliche Anzahl der Nicht-Primzahlen zwischen zwei aufeinanderfolgenden Primzahlen zu: und zwar um 2,3 – jedes Mal, wenn man die Zahl N verzehnfachte. Das sah nach einem logarithmischen Zusammenhang aus (siehe S. 63).

Gauß hatte seine Überlegungung mit 15 Jahren als eine Tabelle aufgezeichnet und kam zu dem Schluss, dass er verschiedene Eigenschaften der Primzahlen mithilfe von Logarithmen zur Basis *e* berechnen konnte. Demnach war bis zur Zahl N etwa eine von ln(N) eine Primzahl, und die Anzahl der Primzahlen kleiner N wäre N/ln(N). Die Entdeckung des Zusammenhangs von Primzahlen und Logarithmen erwies sich als wichtiger Durchbruch in der Zahlentheorie.

5. KAPITEL Lebensretter, Logik, Experimente: 1797–1899

Die Industrielle Revolution war das Zeitalter großer technischer Errungenschaften, des Maschinenbaus und naturwissenschaftlicher Forschung. Experimente mussten aber auch mathematisch erklärt und belegt werden. So führten die Versuche zur Wärmeausbreitung J. B. Fourier zu seinen Erkenntnissen über Sinuswellen. Doch es ging auch anders herum: Manche Mathematiker wie Charles Babbage fragten sich, wie Maschinen im Dienst der Mathematik eingesetzt werden konnten. So wurden auch die Grundlagen für Erfindungen des 20. Jahrhunderts geschaffen.

Gleichzeitig wuchs das Interesse an den verschiedenen Gebieten der abstrakten Mathematik. Dazu gehörte zu jener Zeit besonders die Topologie, die Verformungen geometrischer Objekte untersucht. Doch »abstrakt« bedeutete ganz und gar nicht, dass diese Forschungen keinen praktischen Nutzen gehabt hätten. So spielte beispielsweise die Boole'sche Algebra, mit der sich logische Probleme durch Algebra lösen lassen, eine Schlüsselrolle bei der Entwicklung der modernen Computertechnologie.

1807

MATHEMATIKER:
Jean-Baptiste Fourier

ERGEBNIS:
In seinen Arbeiten zur Wärmeausbreitung entwickelte Fourier eines der bis heute wichtigsten mathematischen Verfahren überhaupt.

WAS HABEN WELLEN MIT DEM TREIBHAUS-EFFEKT ZU TUN?

DIE FOURIER-TRANSFORMATION

Wenn sich Schall in Luft ausbreitet, wird die Luft abwechselnd komprimiert und expandiert, das heißt, die Luftmoleküle werden in sehr schneller Folge zusammengedrückt und auseinandergetrieben. Beim Hören nimmt man allerdings nicht wahr, dass im Ohr etwas hin- und herschwingt – man hört nur einen Ton. Die Nervenenden im Ohr wandeln die Bewegung der Luftmoleküle in hörbaren Klang um.

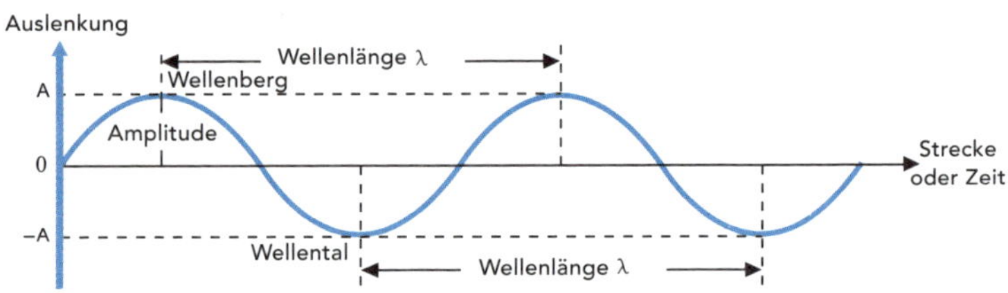

Teile einer Sinuswelle

Signalverarbeitung und -analyse

Transformationen, also Umwandlungen von einem Signal wie einer Schallwelle hin zu einem Ausgangssignal wie einem Klang, gibt es praktisch überall. Wellen sind einfach nur wiederholte Störimpulse, die sich ausbreiten und Energie übertragen. Unzählige Bewegungen lassen sich als Wellen beschreiben: Schall, Elektromagnetismus, Wärme, Radio, Wasserwellen, Aktienkurse ... Dank der bemerkenswerten Arbeit des französischen Mathematikers Jean Baptiste Fourier aus dem Jahr 1807 haben wir das mathematische Werkzeug, um diese Wellen so zu transformieren, wie das Ohr Schallwellen in einen hörbaren Klang übersetzt: die Fourier-Transformationen. Damit ist es möglich, komplexe Schwingungen in einfache symmetrische Sinuskurven umzuwandeln. Sie werden immer dann eingesetzt, wenn Forscher eine komplexe Fluktuation untersuchen. Mit der Fourier-Transformation kann man das richtige Signal aus dem Hintergrundrauschen herausfiltern, sei es in der Astronomie die Strahlung einer entfernten Galaxie oder die Kompression digitaler Bilder im Internet.

Fourier wurde 1768 in Auxerre im Burgund geboren und kam mit zehn Jahren als Waise ins Internat. Als junger Mann engagierte er sich politisch für die Französische Revolution und entging 1794 nur knapp der Guillotine, als er die zunehmende Gewalt kritisierte. 1795 zog er nach Paris und wurde 1797 Nachfolger von Lagrange als Leiter der berühmten École polytechnique. Ein Jahr später begleitete er Napoleon als wissenschaftlicher Berater nach Ägypten. Er mochte die extreme Hitze dort. Als er 1801 nach Frankreich zurückkehrte, heizte er ständig seine Räume und trug warme Kleidung. Napoleon ernannte ihn zum Präfekten des Département Isère (Grenoble), und zu dieser Zeit begann Fourier auch seine Versuche zur Wärmeausbreitung in einem Metallstab. 1807 veröffentlichte er dazu einen ersten grundlegenden Aufsatz, auf den 1822 die ausführlichere *Analytische Theorie der Wärme* folgte.

Wärme modellieren

Schon vor Fourier hatten Mathematiker die Wärmeausbreitung untersucht, hatten die Trigonometrie (die Winkel und geometrische Objekte betrachtet) angewandt und waren auf die Sinusfunktion gestoßen. Die Grafik (links) zeigt die Veränderung der Intensität über die Zeit hinweg, und die Sinuswelle stellt die Schwingungen oder regelmäßigen Verschiebungen (»Auslenkung«), etwa die Bewegung der Luftmoleküle in einer Schallwelle, als eine symmetrische Auf- und Abwärtsbewegung dar. Mathematisch lässt sich das vom Sinus des Winkels ableiten, der mit der jeweiligen Auslenkung der Kurve übereinstimmt. Fourier zeigte nun, wie man eine Reihe komplexer Schwingungen in einfache Sinuswellen zerlegen kann.

Wenn Schall auf das Ohr trifft, ist die Welle ein komplexes Gewirr von Frequenzen und Amplituden (Tonhöhen und Lautstärken). Das Ohr siebt sie aus und setzt sie in Nervensignale um, aus denen das Hirn den Klang konstruiert. Fourier-Transformationen können mithilfe einer grundlegenden partiellen Differenzialgleichung, der sogenannten Wärmegleichung, ein komplexes Signal mathematisch in Sinuswellen zerlegen. Auch wenn man ein Digitalbild im JPEG-Format speichert, läuft ein Prozess ab, der auf einer solchen Transformation beruht.

Fourier interessierte sich für Wärme – doch bald wurde klar, dass es vielfältige Anwendungsmöglichkeiten gab. Über 40 Jahre später schrieb der Physiker Lord Kelvin: »Fouriers Satz ist nicht nur eines der schönsten Ergebnisse der modernen Analysis, er schafft uns zugleich ein Instrument zur Behandlung der vertracktesten Fragen in der modernen Physik.«

Der Treibhauseffekt

Fouriers Begeisterung für die Wärmeausbreitung führte ihn zu einer weiteren wichtigen Entdeckung, dem Treibhauseffekt. Sein Interesse wurde in den 1820er-Jahren durch Experimente von Horace-Bénédict de Saussure mit »Wärmekisten« geweckt: Die Kisten aus Holz waren mit Kork ausgekleidet und hatten drei Fächer. Als Saussure sie in die Sonne stellte, bemerkte er, dass die Temperatur im mittleren Fach am höchsten war.

Fourier erkannte, dass dies damit zusammenhängt, wie Wärme aufgenommen und abgegeben wird. Er konstruierte daraufhin seine eigene Wärmekiste – aus Glas: Mit der Zeit wurde die Luft in der Kiste wärmer als die der Umgebung. Offenbar hatte das Glas Sonnenlicht durchgelassen und die Wärme gespeichert. Er folgerte, dass es sich bei der Erde ähnlich verhalten musste. Sonnenlicht tritt in die Atmosphäre ein und erwärmt die Erde, so wie in der gläsernen Kiste. Und wie das Glas verhindern die Gase der Atmosphäre, dass die gesamte Wärme wieder ins All entweicht. Da sein Modell einem Treibhaus ähnelte, wurde es als »Treibhauseffekt« bezeichnet.

MUSTER UND SCHWINGUNGEN

DER ANFANG DER ELASTIZITÄTSTHEORIE

1815

MATHEMATIKERIN:
Marie-Sophie Germain

ERGEBNIS:
Germain gelangen wichtige Fortschritte in der mathematischen Elastizitätstheorie sowie der Zahlentheorie (Primzahlen).

Zu den schönsten Experimenten überhaupt gehören die Versuche des deutschen Physikers Ernst Chladni mit schwingenden Platten. Chladni streute Sand auf Metallplatten und spielte dann mit einem Geigenbogen auf den Platten. Wie durch Zauberhand begann der Sand zu hüpfen und Muster zu bilden, die sogenannten Chladni'schen Klangfiguren.

Als Chladni Napoleon seine Platten vorführte, war der so beeindruckt, dass er ein Kilogramm Gold demjenigen bot, der den Effekt erklären konnte. Doch trotz des ausgelobten Preises schreckten die meisten Mathematiker davor zurück. Nur eine junge Frau, Marie-Sophie Germain, verschrieb sich rückhaltlos der Lösung des Problems. Dabei gelang ihr ein Durchbruch in der mathematischen Elastizitätstheorie und bei der Frage, wie Metalle sich unter Belastung biegen und zurückfedern.

Gegen alle Widerstände

Marie-Sophie (kurz Sophie) Germain ist eine der außergewöhnlichsten Frauen in der Geschichte der Mathematik. Sie wurde 1776 in Paris geboren, war also zu Beginn der Französischen Revolution 13 Jahre alt. Zu einer Zeit, in der Frauen eine höhere Bildung verwehrt wurde, vertiefte sie sich in die Mathematikbücher aus der Bibliothek ihres Vaters und brachte sich selbst Latein und Griechisch bei. Ihre Eltern nahmen ihr die warmen Kleider weg und heizten ihr Zimmer nicht, damit sie abends nicht so lange studierte, doch das konnte sie nicht abhalten.

Germain schrieb sich unter einem männlichen Namen, Auguste Le Blanc, an der École polytechnique ein, musste sich

aber letztlich ihrem Kursleiter offenbaren, dem brillanten Mathematiker Joseph-Louis Lagrange. Dieser war so beeindruckt von ihren mathematischen Fähigkeiten, dass er sie von nun an förderte.

Der Preis

Eines der Probleme für Germain war, dass sie als Frau keine gründliche Ausbildung erhalten hatte, und ihre Arbeiten einige elementare Fehler aufwiesen, die von ihrem wahren Genie ablenkten. Inspiriert durch die Theorien Leonhard Eulers entwickelte sie eine Gleichung für Elastizität und reichte sie bei der Académie des sciences ein, die Napoleons Preis vergeben sollte. Doch ihre Lösung wies Fehler auf, und obwohl sie als Einzige einen Beitrag eingereicht hatte, erhielt sie den Preis nicht. Die Ausschreibung wurde um ein Jahr verlängert.

Diesmal legte Lagrange auf Basis ihrer Analysen eine verbesserte Gleichung vor, die tatsächlich einige der Chladni'schen Klangfiguren erzeugte, doch die mathematische Begründung war unvollständig. So wurde Germain, obwohl sie auch im zweiten Jahr die einzige Teilnehmende war, die Auszeichnung erneut verweigert. Sie erhielt nur eine lobende Erwähnung.

1815 wurde der Preis ein drittes Mal ausgelobt, und diesmal wurde er ihr zugesprochen. Doch obwohl sie eine Aufgabe gemeistert hatte, an der alle anderen gescheitert waren, wurde ihr der Erfolg missgönnt: Siméon Denis Poisson, einer der Juroren, kritisierte ihre Herleitung als fehlerhaft und ohne die notwendige mathematische Strenge – was ihn nicht daran hinderte, einige von Germains Ideen für seine eigenen Arbeiten zur Elastizität zu verwenden.

Germain arbeitete weiterhin am Thema Elastiziät und reichte 1821 einen Aufsatz und später eine überarbeitete Fassung ein. Doch die Académie, deren Leitung Poisson noch immer angehörte, ignorierte sie. Der neue Beitrag verschwand und wurde erst 1880 wiedergefunden. Er zeigte, welche großen Fortschritte ihr in der Mathematik der Elastizität gelungen waren.

Wiederentdeckung

Der Mathematiker Augustin-Louis Cauchy hatte Germains erste Fassung des verschwundenen Aufsatzes gelesen und empfahl, ihn zu veröffentlichen. 1822 verfasste er ein erst später publiziertes Werk darüber, wie sich Druckwellen durch ein elastisches Medium bewegen. Dieses markierte den Beginn der sogenannten Kontinuumsmechanik, die Materialien als Ganzes und nicht als Ansammlung von Teilchen betrachtet. Germains Aufsatz war hierfür sicherlich eine wichtige Inspirationsquelle.

Germains Arbeiten belegten letztlich, dass die Chladni'schen Klangfiguren nur auftreten, weil sich der Sand an den unbewegten Teilen (den toten Punkten) der schwingenden Platte sammelt. Der Bogen versetzt die Platte in Schwingungen, da die kleinen Störungen sich in Wellen durch die Platte ausbreiten. In welchem Muster der Sand sich sammelt, hängt davon ab, wie die Platte eingespannt ist.

Germain fasste diese Art der » Elastitizitätswelle« so zusammen:

»Sie ist auf einem Punkt der Oberfläche proportional zur Summe der Hauptkrümmungsradien der Fläche an diesem Punkt.«

Eine letzte Schrift legte ihre Ideen zur Krümmung und Elastitizität dar und bereitete die Entwicklung der Gesetze zu Gleichgewicht und Bewegung elastischer Körper vor. Diese Gesetze zeigen sich beispielsweise in Seifenblasen.

Während ihrer letzten Lebensjahre befasste sich Germain mit der Zahlentheorie, vor allem mit der Fermat'schen Vermutung (siehe S. 47). Sie fand einen ersten Teilbeweis und identifizierte eine besondere Klasse von Primzahlen, die heute »Sophie-Germain-Primzahlen« genannten werden. Diese spielten eine wichtige Rolle beim endgültigen Beweis von Fermats Theorem in den 1990er-Jahren (siehe S. 165)

1832

MATHEMATIKER:
Évariste Galois

ERGEBNIS:
In seinem kurzen Leben entwickelte Galois die »Gruppentheorie«, ein wirkungsvolles Instrument zum Lösen komplexer mathematischer Gleichungen.

DIE MACHT DER SYMMETRIE

EIN NEUER WEG, GLEICHUNGEN ZU LÖSEN

Évariste Galois' Entdeckung der Bedeutung von Symmetrien beim Lösen komplizierter Gleichungen ist eine der inspirierendsten und tragischsten Geschichten in der Mathematik. Galois wuchs in der Zeit nach dem Zusammenbruch von Napoleons Kaiserreich auf und vertrat bereits als Jugendlicher die Sache der Republikaner, was ihn oft in Schwierigkeiten brachte. Er war ein brillanter, fantasievoller Junge, der seine Erkenntnisse unleserlich auf Papierschnipsel kritzelte.

Geistesblitze eines Genies

Seine Lehrer ahnten nicht, dass Galois' Notizen zu einem der größten mathematischen Durchbrüche jener Zeit führten. Galois war fasziniert von komplexen Gleichungen: Vor allem interessierten ihn die Beschränkungen beim Lösen solcher Rechnungen durch algebraische Formeln, mit denen die Mathematik seiner Zeit zu kämpfen hatte. Sehr bald bewies er, dass man algebraische Lösungen zwar für quadratische, kubische und biquadratische Gleichungen (in denen die Variable in der zweiten, dritten oder vierten Potenz vorkommt) finden kann, aber nicht für höhere (fünfte Potenz und mehr).

Mit 16 entwickelte er eine völlig neuartige Methode zur Lösung solcher komplexen Formeln. Zwischen 1829 und 1831 reichte er dazu drei Aufsätze bei der Académie des sciences ein. Die beiden ersten gingen verloren, der dritte wurde von einem der Juroren zurückgewiesen, Siméon Denis Poisson, der bereits Sophie Germains Werke abgelehnt hatte (siehe S. 104). Seiner Ansicht nach waren Galois' Beiträge unverständlich und enthielten angeblich grobe Fehler.

Tragische Wendungen

Zu dieser Zeit hatte die Julirevolution den letzten Bourbonenkönig Karl X. ins Exil getrieben, ihm folgte der »Bürgerkönig« Louis-Philippe I. auf den Thron. Galois' Leben nahm eine tragische Wendung, als sein Vater Suizid beging. Vermutlich durch den Tod seines Vaters und die ständige Ablehnung seiner Ideen aufgerieben, stürzte sich Galois in prorepublikanische Aktivitäten: Zweimal wurde er verhaftet, und als er ein drittes Mal schwer bewaffnet aufgegriffen wurde, kam er ins Zuchthaus, wo seine Mitgefangenen ihn misshandelten und er einen Suizidversuch unternahm.

Nach seiner Freilassung im April 1832 verliebte er sich in die junge Stéphanie-Felice du Motel. Sie schrieben sich Briefe, und ihr Name taucht in Galois' mathematischen Notizen auf. Am 30. Mai wurde Galois in ein Duell verwickelt und schwer verwundet. Kurz darauf erlag er seinen Verletzungen mit nur 20 Jahren.

Gemeinsamkeiten suchen

Vielleicht in Erwartung seines Todes hatte Galois in der Nacht zuvor alle seine Ideen niedergeschrieben und einem Freund überlassen. Diese Notizen sicherten ihm einen Platz in der Geschichte. Galois ging davon aus, dass man komplexe Gleichungen lösen könnte, indem man nach Symmetrien und Mustern sucht – und nicht versucht, sie rein algebraisch zu lösen.

Was beispielsweise ist $\sqrt{4}$? Die offensichtliche Antwort lautet 2, doch auch –2 wäre möglich. Zwar unterscheiden sich

die Ergebnisse, aber es gibt auch eine Symmetrie, da nur das Vorzeichen wechselt. Galois hatte nun die brillante Idee, dass man bei der Suche nach einer Lösung nicht alles bis ins Kleinste aufgliedern muss. Stattdessen kann man auch mit Teilen oder »Gruppen« arbeiten und verschiedene Kombinationen untersuchen.

Die Suche nach Lösungen

Die Suche nach Symmetrien ist hierbei entscheidend: Ein Quadrat etwa ist in vielerlei Hinsicht symmetrisch. Wenn man es um 90° dreht oder es spiegelt, sieht es immer noch gleich aus. Doch wenn die Ecken nummeriert sind, hat sich beim Spiegeln die Reihenfolge der Nummern – man spricht von Orientierung – geändert. Ernő Rubiks »Zauberwürfel« von 1974 ist ein bekanntes Beispiel für solche Symmetrien und Orientierungsänderung. Galois redete natürlich nicht von Quadraten oder Würfeln, sondern von Gruppen von »Termen«, doch die Idee ist dieselbe. Gleichungen zu lösen ist dann wie die Suche nach Kombinationen beim Spiel mit Rubiks Würfel – eine erstaunlich brillante Idee.

Es dauerte lange, bis die Bedeutung von Galois' Ideen erkannt wurde. Im 20. Jahrhundert entwickelte sich die »Gruppentheorie« zu einem bedeutenden Zweig der Mathematik, und es sind die verschiedensten Gruppen entwickelt worden.

Galois' Ideen heute

Im Jahr 2008 wurde eine der wichtigsten Auszeichnungen in der Mathematik, der Abelpreis, an John Griggs Thompson und Jacques Tits verliehen – für »ihre tiefsinnigen Leistungen in der Algebra und insbesondere für die Bildung der modernen Gruppentheorie«. Noch 200 Jahre später inspirierten Galois' Ideen andere Wissenschaftler.

Noch entscheidender ist, dass die Gruppentheorie zum mathematischen Schlüssel zur Entzifferung der subatomaren Welt wurde. Sie hilft Physikern, Gemeinsamkeiten (Symmetrien) verschiedener Arten von Teilchen und ihre Wechselwirkungen zu erkennen. Ohne Galois' Beitrag wäre die Quantenphysik unmöglich.

KANN EINE MASCHINE RECHNEN?

DIE ERSTEN MECHANISCHEN COMPUTER

UM 1840

MATHEMATIKER:
Charles Babbage und Ada Lovelace

ERGEBNIS:
Babbages Ideen zu mechanischen Rechenmaschinen brachten Lovelace dazu, einen Vorläufer der Programmiersprache für Computer zu entwickeln.

Zu Beginn seines Studiums in Cambridge saß Charles Babbage 1810 über einer Logarithmentafel und hatte einen brillanten Einfall, wie man die oft in solchen Tabellen auftretenden Fehler vermeiden könnte.

Eine Maschine gegen Fehler

Die ersten Logarithmentafeln stammten von John Napier (siehe S. 63). Er brachte Jahre damit zu, sie zu erstellen, und Hunderte Menschen verließen sich bei ihren eigenen Berechnungen darauf. Das Problem mit den Tafeln war jedoch, dass ein Mensch allzu leicht einen Fehler machen konnte – man trug eine falsche Zahl ein, ließ eine aus oder Ähnliches. Solche Fehler in den Tabellen führen später in der Anwendung zu oft unerkannten Fehlern mit entsprechenden Konsequenzen – vom verpassten Bus bis zu falschen Lösungen komplexer Probleme.

Angenommen, es könnte eine Maschine konstruiert werden, die solche Tafeln erstellt und Fehler vermeidet – dann gäbe es keine verpassten Busse mehr. Babbage begann damit, die Quadrate der ganzen Zahlen zu berechnen: $1 \cdot 1 = 1$, $2 \cdot 2 = 4$, $3 \cdot 3 = 9$, $4 \cdot 4 = 16$ und so fort. Anfangs ist der Aufwand leicht zu bewältigen, doch es wird immer schwerer, etwa bei $279 \cdot 279$. Ebenso wichtig ist es, die Differenzen bei den Quadraten zu beachten: 1, 3, 7, 9 … ist eine Folge von ungeraden Zahlen. Um hier das nächste Quadrat zu bestimmen, addiert man einfach die nächste ungerade Zahl dazu:

zu $5^2 = 25$ addiert man $(5 + 6 = 11)$, um $36 = 6^2$ zu erhalten. Hinzu zählt man $(6 + 7 = 13)$ und kommt auf $7^2 = 49$.

Die »Difference Engine«

Babbage entwarf eine Maschine, die solche Differenzen addieren oder subtrahieren konnte, und nannte sie »Difference Engine«, also Differenzmaschine. 1822 baute er ein einfaches Modell mit sechs Stellen – es funktionierte. Die britische Gesellschaft für Wissenschaft und Forschung, die Royal Society, in London war beeindruckt, und die Astronomical Society verlieh ihm ihre erste Goldmedaille überhaupt. Doch um die vollständige Maschine zu bauen, brauchte Babbage Geld. Er überzeugte den Finanzminister, ihm 1500 Pfund zu überlassen. Unglücklicherweise hielt Babbage das für eine Vorauszahlung, die Regierung für die Gesamtkosten. Er konnte schließlich beginnen, seine Maschine zu bauen. Doch er vollendete sie nie. Zum einen überstieg die erforderliche Präzision der Teile wohl die damaligen technischen Möglichkeiten, zum anderen zerstritt sich Babbage mit seinem Ingenieur Joseph Clement. Am Ende hatte Babbage 17 000 Pfund erhalten, eine erstaunliche Summe, doch immer noch nicht genug.

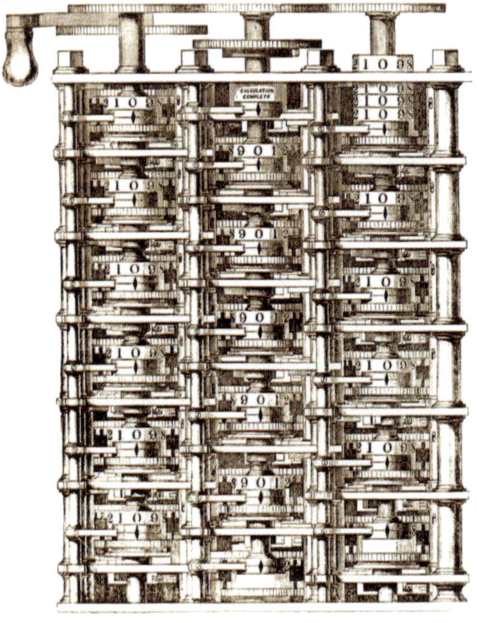

Räderwerk von Babbages Maschine

Die »Analytical Engine«

Um die Dinge noch komplizierter zu machen, hatte Babbage Ende der 1820er-Jahre, als der Streit in vollem Gange war, die Idee für eine bessere Maschine: die »Analytical Engine«, eine Art mechanischer Computer. Es überrascht nicht, dass er dieses Mal keine Mittel erhielt, und so wäre das Projekt ohne Ada Lovelace wohl nur ein Hirngespinst geblieben. Die Maschine sollte Anweisungen (heute würden wir es ein Programm nennen) von Lochkarten lesen. Lovelace beschrieb den »Speicher« und die »Mill« (die zentrale Prozessoreinheit) und spekulierte, wozu die Maschine fähig sein würde. So meinte sie, die Maschine würde zwar keine eigenen Ideen entwickeln, wäre aber eine große Hilfe für den wissenschaftlichen Fortschritt und könnte vielleicht sogar Musik komponieren.

Ada Lovelace

Ada Lovelace, die Tochter des berühmten Dichters der englischen Romantik, Lord Byron, lernte Babbage 1833 kennen und war fasziniert von seinen Ideen zu Rechenmaschinen. 1842 übersetzte sie eine Vorlesung zu den Maschinen, die Babbage in Turin gehalten hatte, und fügte auf seine Anregung hin ihre eigenen Anmerkungen hinzu. Die waren am Ende dreimal so lang wie der Ausgangstext und geben den besten Einblick in das Potenzial von Babbages Maschine.

Vor allem aber beschrieb Lovelace hier detailliert, welche Anweisungen die Maschine brauchen würde, um eine Reihe komplexer Berechnungen durchzuführen. Da sie die Erste war, die etwas Derartiges niederschrieb, kann sie mit Fug und Recht als die erste Programmiererin der Welt gelten.

Das erste Computerprogramm

Letztlich scheiterte Babbage mit seinem Versuch, präzisere Logarithmentafeln mit Maschinen zu berechnen. Er publizierte zwar genauere Tafeln, doch diese waren von Hand berechnet. Keiner seiner Apparate wurde vollendet, und erst ein Jahrhundert später konnten Maschinen in der von ihm beabsichtigten Weise eingesetzt werden. Dennoch ebneten Lovelace und Babbage den Computern den Weg: Heute sind Computer ein elementarer Teil der mathematischen Forschung. Sie liefern nicht nur genauere Ergebnisse, sondern haben der Wissenschaft auch eine enorme Zeitersparnis verschafft.

Mit der gewonnenen Zeit können sich Menschen auf eher konzeptionelle Arbeit konzentrieren. So gibt es beispielsweise ein Computernetzwerk (Great Internet Mersenne Prime Search, GIMPS) für die Suche nach immer größeren Primzahlen. Dank Babbage und Lovelace können Mathematiker das Wesen der Primzahlen untersuchen und nach Auffälligkeiten in ihrer Verteilung suchen, ohne alles mühsam selbst zu berechnen.

1847

MATHEMATIKER:
George Boole

ERGEBNIS:
Die Boole'sche Algebra verband mathematische Gesetze mit der klassischen, nicht formalen Logik.

DIE GESETZE DES LOGISCHEN DENKENS

DIE ERFINDUNG DER BOOLE'SCHEN ALGEBRA

1847 mischte sich ein nahezu unbekannter Schulmeister aus Lincoln mit einer kurzen Schrift in den Disput der Mathematiker De Morgan und Hamilton über logische Aussagen ein: Booles Beitrag zu der von ihm so genannten Algebra der Logik erwies sich als völlig neue Art mathematischen Denkens, ohne welche die moderne Computertechnik nicht möglich wäre.

Natürlich war George Boole kein gewöhnlicher Schulmeister. Er leitete zwar eine kleine Privatschule in der Provinz, doch er war gerade dabei, sich in mathematischen Kreisen einen Namen zu machen. Seine Arbeit, heute als »Boole'sche Algebra« bekannt, brachte ihm dauerhaften Ruhm und die Ernennung zm ersten Mathematikprofessor an der Universität Cork in Irland ein.

Die Grundlagen

In Cork entwickelte Boole seine Ansätze, die er in der Abhandlung über die *Mathematischen Untersuchungen der Logik* dargelegt hatte, zu einer Theorie weiter und veröffentlichte sie 1854 unter dem Titel *Eine Untersuchung der Gesetze des Denkens*. Booles Innovation bestand darin, mithilfe der Algebra eine Systematik zu etablieren, die universell auf jedes logische Argument angewendet werden konnte.

Die Idee einer mathematischen Logik hatte sich im Lauf des Jahrhunderts nach und nach herausgebildet, aber erst Boole arbeitete sie konkret aus. Bereits seit der Antike war die Logik als Lehre des systematischen, folgerichtigen Denkens, vor allem aus den Schriften des Aristoteles, bekannt: Er führte den berühmten Syllogismus ein, wonach aus zwei sogenannten Prämissen (auch Ober- und Untersatz) eine Konklusion (Schlussfolgerung) resultiert. Ein Beispiel: Alle Vögel legen

Eier (Obersatz); Hennen sind Vögel (Untersatz); also legen Hennen Eier (Konklusion).

Die formale Logik

Boole erkannte, dass die Mathematik letzlich auf die gleiche Weise funktioniert. Seine Idee war es, die philosophische Logik so umzuformulieren, dass sie mit der einfachen Präzision der Mathematik ausgedrückt werden konnte. So wollte er ein allumfassend nutzbares Denksystem schaffen, so wie die Mathematik für ein breites Spektrum verschiedener numerischer Probleme eingesetzt werden konnte.

Seine Methode bestand darin, mathematische Operationen wie Addition und Subtraktion durch in Wörtern ausgedrückte Äquivalente mit gleicher Funktion zu ersetzen, die aber für jede Art von Aussage geeignet waren. Mit der Zeit erkannte er, dass Prämissen als einfache algebraische Symbole wie X oder Y geschrieben werden können und sich auf drei Funktionen reduzieren lassen: AND (und), OR (oder) und NOT (nicht).

X und Y können beispielsweise Mengen sein. Haben die beiden etwas gemeinsam, dann gilt X AND Y. Das entspricht dem arithmetischen Ausdruck $X \cdot Y$ oder XY. Haben X und Y nichts gemein, dann gilt X OR Y, entsprechend $X + Y$.

Wenn X etwa alle grünen und Y alle runden Körper darstellt, dann schreibt man das als $X \cdot Y$ oder XY, das heißt, alle Körper, die sowohl grün als auch rund sind. Und da Objekte, die grün und rund sind, zugleich auch rund und grün sind, gilt $XY = YX$. Wenn jedes X zugleich ein Y ist, dann gibt die Kombination natürlich $XY = Y$ oder sogar $XX = X$ beziehungsweise $X^2 = X$. Diese letzte Gleichung gilt in der Arithmetik nicht, aber in der Boole'schen Logik macht sie keine Probleme.

Ähnliches gilt, wenn die Klassen sich gegenseitig ausschließen, etwa Männer (X) und Frauen (Y). Dann haben wir $X + Y$, und natürlich gilt $X + Y = Y + X$. Fügen wir eine neue Klasse dazu, wie französisch (Z). Dann gilt $Z (X + Y) = ZX + ZY$ oder in Worten: Die Klasse aller französischen Männer und Frauen ist

dasselbe wie die Klasse aller französischen Männer plus aller französischen Frauen. Und wenn Z (französisch) alle Französinnen (Y) bereits enthält, dann müsste man »alle Franzosen außer den Frauen« als Z NOT Y oder Z – Y ausdrücken.

Boole und die Folgen

Die enge Verbindung logischer Aussagen mit der Mathematik trat nun deutlich zutage und war so offensichtlich, dass deren Feststellung fast banal schien. Vor Boole hatte niemand dem große Beachtung geschenkt, was seine Einsicht umso bemerkenswerter und genialer macht. Zwar zollte man ihm zu Lebzeiten durchaus Respekt, und Boole avancierte in Irland zum erfolgreichen Mathematiker, doch die ganze Tragweite seiner Ideen erkannte man erst Jahrzehnte später. Keine seiner späteren Arbeiten war so bedeutsam wie diese. Er hatte ein System geschaffen, das nicht nur alle Aussagen in sehr einfache Arithmetik fassen, sondern sie auch bewerten konnte.

Nach Booles Tod geriet sein Schaffen fast in Vergessenheit. Doch in den 1930er-Jahren suchte der amerikanische Mathematiker und Elektrotechniker Claude Shannon eine Möglichkeit, Signale auf ihre wesentliche Information zu reduzieren, um das problematische Rauschen bei Ferngesprächen zu vermeiden. Als er Booles Arbeiten entdeckte, wurde ihm klar, dass dessen Werk eine Grundlage hierfür bot: Mit der einfachen Boole'schen Logik konnte man tatsächlich alle Informationen zu einer Folge von Einsen und Nullen vereinfachen, den »binary digits«, kurz Bits. Mit diesem Geniestreich begann das Computerzeitalter.

KANN STATISTIK LEBEN RETTEN?

DATENANALYSEN UND MEDIZINISCHE REFORMEN

1856

MATHEMATIKERIN:
Florence Nightingale

ERGEBNIS:
Statistik führte zur Verbesserung des Gesundheitswesens, wodurch zahllose Leben gerettet werden konnten.

Zur Zeit, als Frauen noch vom Universitätsstudium ausgeschlossen waren, erhielt Florence Nightingale in ihrem aufgeklärten Elternhaus eine umfassende akademische Ausbildung. Sie liebte Ordnung, Zahlen und Daten: Im Alter von neun Jahren machte sie detaillierte Aufzeichnungen über die Ernte im heimischen Gemüsegarten. Als junge Frau lernte sie Wissenschaftler wie Charles Babbage (siehe S. 109) kennen und kam mit der damals wenig bekannten Methode und Disziplin zur Analyse empirischer Daten, der Statistik, in Berührung.

Die neuen Druck- und Kommunikationstechnologien des Viktorianischen Zeitalters erleichterten das Sammeln und Untersuchen großer Datenmengen. Doch es bedurfte auch mathematischer Verfahren, um die erhobenen Fakten zu verstehen und Muster darin zu erkennen. Nightingale lernte Darstellungsformen wie Balken- und Tortendiagramme kennen sowie den bahnbrechenden Ansatz, mithilfe von Daten soziale Verhältnisse zu analysieren. Sie fragte sich, ob und wie quantitative Informationen einen Strategiewechsel in der Politik, vor allem im Gesundheitswesen, bewirken könnten. Nightingale wollte in der Krankenpflege arbeiten, ungewöhnlich für eine Frau ihrer Stellung, und sah darin den idealen Rahmen, um ihre Ideen zu testen. 1853 wurde sie unbezahlte Superintendentin einer Londoner Privatklinik

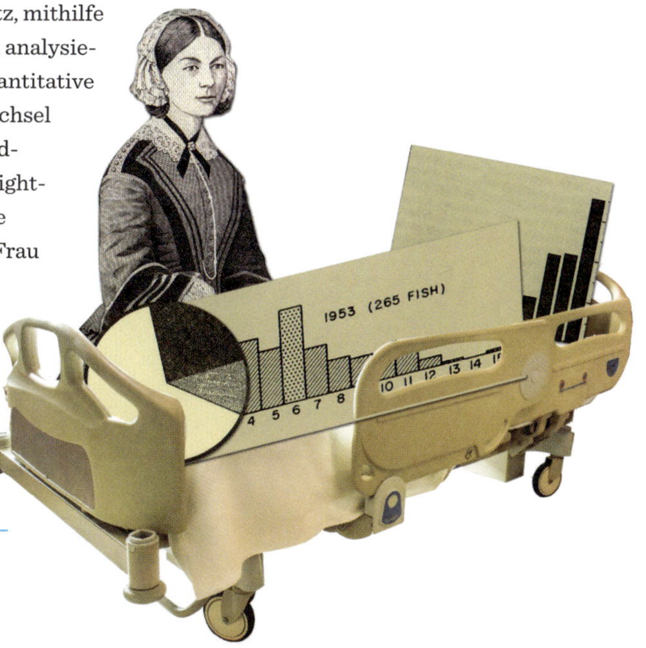

für Frauen. Im Frühjahr 1854 trat Großbritannien in den ein Jahr zuvor ausgebrochenen Krimkrieg ein.

Sanitätsreform

Die häufigste Todesursache während des Stellungskriegs waren Krankheiten, rund zehnmal mehr als Verwundungen – und viele davon wären vermeidbar gewesen. Aus heutiger Sicht ist offensichtlich, dass besseres Essen, Hygiene und sanitäre Anlagen Leben retten können, damals leuchtete dies medizinischen und militärischen Behörden und Autoritäten nicht ein.

Im November 1854 kam Nightingale im Militärlazarett von Scutari bei Konstantinopel an. Die Zustände waren furchtbar: In diesem ersten Winter starben über 4000 Soldaten. Doch Nightingale sah nicht nur Leid und Elend des Krieges, sondern auch das massive Verwaltungschaos: Neben all dem Dreck und der Mangelernährung gab es keinerlei koordinierte Behandlungen und somit kaum eine Chance für Kranke und Verletzte.

Nightingale begann sofort mit einer systematischen Datenerhebung: standardisierte Patientenakten, einheitliche Klassifikation von Krankheiten, genaue Erfassung der Ernährung und Erholungszeit der genesenden Patienten. Auf Grundlage der Empirie trat die Lösung offen zutage: eine tiefgreifende Reform des Gesundheitswesens und gründliche Ausbildung der Pflegekräfte. Unter Nightingales Leitung sank die Sterblichkeitsrate von 60 auf 2 %, und sie kehrte als Heldin nach England zurück. Im Gepäck hatte sie jede Menge Daten.

Grafische Überzeugungsarbeit

Damals wie heute sind reine Datenmengen nur schwer in ihrer Bedeutung zu erfassen: Sie zu sammeln war das eine, doch die weit größere Leistung Nightingales war es, sie so zu veranschaulichen, dass die Politik zur Tat schritt und die von ihr geforderten kostenintensiven Reformen bewilligte. Auf Basis der älteren Tortendiagramme entwickelte sie das Polardiagramm (rechts), das sie »coxcomb« (Hahnenkamm) nannte.

Es vermittelt eine Menge an Informationen: Die Flächen der Sektoren geben die Sterblichkeitsrate pro Monat an, die Gesamtgröße des Diagramms die jährliche Zahl der Fälle. Der

Diagramm zu Todesursachen der Soldaten im Krimkrieg

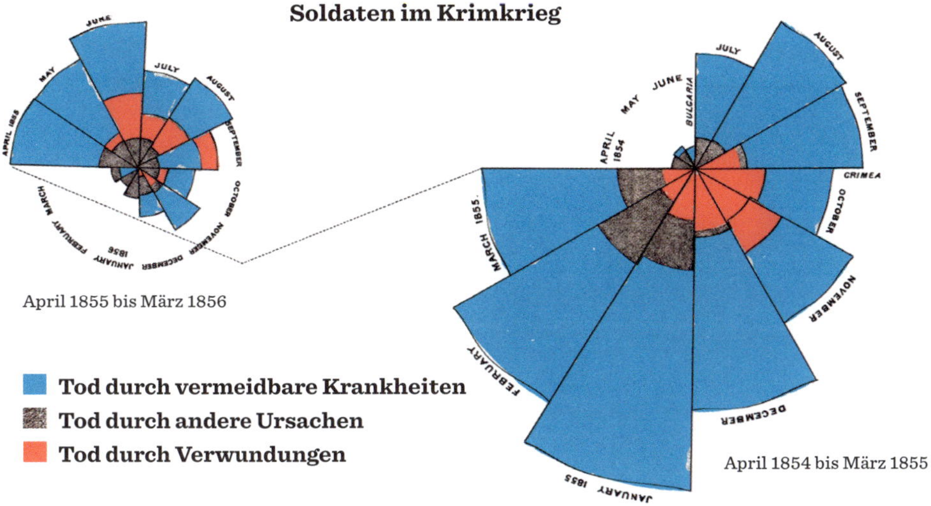

April 1855 bis März 1856

April 1854 bis März 1855

Effekt der Reformen ist sofort zu erkennen. Farbige Markierungen zeigen die Todesursache an: Blau steht für »vermeidbare Krankheiten«, Schwarz für »andere Ursachen« und Rot für»Verwundungen«. Offenbar waren Letztere am wenigsten tödlich. Diese visuelle Darstellung war aufschlussreicher als Zahlenkolonnen und führte zu massiven Reformen.

Nightingales »Hahnenkämme«

Aus heutiger Sicht müsste man einiges an dem Verfahren infrage stellen: Erstens stammten die Daten aus einer offenen klinischen Studie. Woher konnte man wissen, dass das Sinken der Mortalität mit der Reform zusammenhing? Vielleicht gab es noch andere Ursachen wie besseres Wetter oder weniger Moskitos? Wie sah zweitens der Vergleich mit den damaligen Standards aus? Dies hatte Nightingale berücksichtigt, indem sie einen Kreis ergänzte, der die durchschnittliche Sterberate in England für diesen Zeitraum angab. Und zuletzt: Könnten die Zahlen sich nicht einfach zufällig verbessert haben, waren die Resultate statistisch signifikant oder nicht? Auch wenn die Ergebnisse für sich zu sprechen scheinen, war es unmöglich, sie zu beweisen. Nachdem Nightingale als erste Frau in die Royal Statistical Society gewählt worden war, trat sie für Verbesserungen in der Statistik ein, um genau dies zu klären.

1858

MATHEMATIKER:
August Möbius und Johann Benedict Listing

ERGEBNIS:
Das Möbiusband revolutionierte die Mathematik der Formen.

WIE VIELE KANTEN UND SEITEN?

DIE GEBURT DER TOPOLOGIE

Das Möbiusband ist eines der bemerkenswertesten geometrischen Objekte, die jemals erfunden wurden. Man kann diese zweidimensionale Fläche aus einem langen Papierstreifen herstellen, wobei ein Ende vor dem Zusammenkleben mit dem anderen verdreht werden muss. Es könnte nicht einfacher sein, und doch steht es im Zentrum eines Rätsels, das einen neuen Zweig der Mathematik mitbegründet hat, die Topologie. Diese untersucht die Eigenschaften von Formen und Flächen, wenn sie verbogen, gedreht oder zusammengedrückt werden.

Das Möbiusband

Das Faszinierende am Möbiusband ist, dass es nur eine Kante und eine Seite hat. Es sieht fast aus wie ein Armband, doch dieses hat zwei Kanten und zwei Seiten. Die Drehung des Möbiusbands ändert alles: Man kann mit dem Finger über die Kante fahren und ist erst nach zwei Umläufen am Ausgangspunkt – das Möbiusband hat also nur eine Kante. Eine Grafik des niederländischen Künstlers M. C. Escher, berühmt für seine »unmöglichen Figuren«, zeigt ein Möbiusband, auf dem Ameisen in einer scheinbar endlosen Reise herumkrabbeln.

Das Möbiusband erscheint wie eine Verkörperung der Unendlichkeit, und die Mathematiker erdachten noch weitere solcher »unendlichen« Formen wie die Klein'sche Flasche. Für manchen hat das Möbiusband auch eine symbolische Bedeutung: So vergleicht etwa die Autorin Joyce Carol Oates das menschliche Leben mit dem Möbiusband und schildert im Roman *Der Mann ohne Schatten* einen Menschen mit Gedächtnisverlust als wie in einer endlosen Zeitschleife gefangen.

Interessante Effekte entstehen, wenn man ein Möbiusband aus Papier längs zerschneidet. Dann erhält man überraschenderweise nicht zwei Ringe, sondern einen großen Ring mit zwei Windungen. Zerschneidet man das Band entlang einer Linie auf etwa einem Drittel der Breite, hat man zwei Schlingen, eine breite in der Größe des Originals und eine dünne, etwa doppelt so groß, die ineinander verschlungen sind.

Das Möbiusband wurde 1858 unabhängig von den beiden deutschen Mathematikern Johann Benedict Listing und August Möbius beschrieben. Dies markierte den Beginn der Topologie, und es war kein Zufall, dass Listing und Möbius zur selben Zeit diese Idee hatten. Beide hatten beim großen Mathematiker Carl Friedrich Gauß studiert, der es womöglich erfand und ihnen davon berichtete.

Die Entwicklung der Topologie

Bis dahin wurde alten Formen ohne regelmäßige geometrische Seiten, die sich leicht vermessen ließen, kaum Beachtung geschenkt. 1735 hatte es einen ersten topologischen Ansatz in der Mathematik gegeben: Leonhard Euler hatte gezeigt, dass das Königsberger Brückenproblem nicht von Messungen abhing, sondern von der Anordnung der Brücken (siehe S. 83). Doch das war eine Ausnahme geblieben. Gauß leistete zwar Grundlagenarbeit zur Topologie, hielt diese aber unter Verschluss.

Das Möbiusband war also keine unerwartete Entdeckung, sondern Teil einer größeren gezielten Untersuchung zu topologischen Formen. Listing prägte den Begriff »Topologie«, nach dem griechischen Wort »*topos*« für Ort. Das Band entstand als Antwort auf die Frage, ob man eine dreidimensionale Form mit nur einer Seite und einer Kante konstruieren kann.

Möbius untersuchte damals vor allem Polyeder – Körper mit vielen Flächen. Euler hatte in einem Brief an Goldbach eine allgemeine Gleichung zu den Polyedern aufgestellt: $v - e + f = 2$.

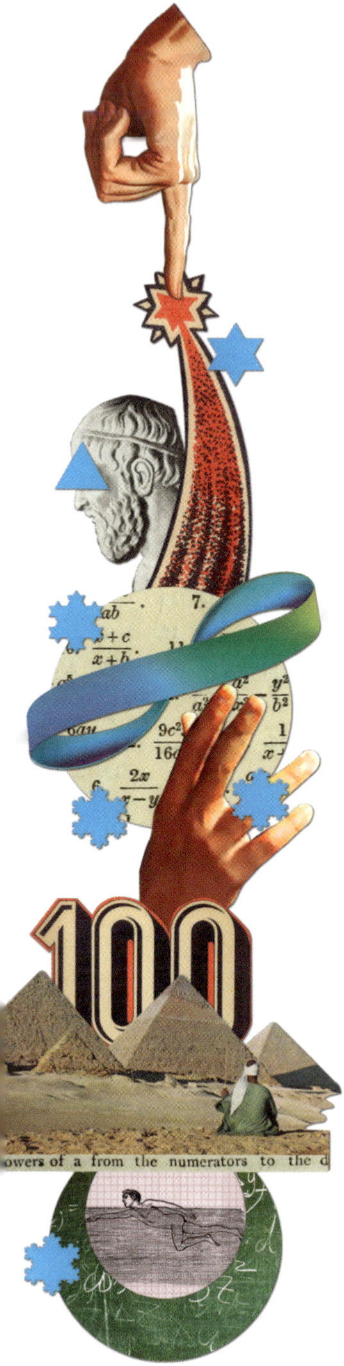

Dabei ist v die Anzahl der Ecken, e die Anzahl der Kanten und f die Anzahl der Flächen des Polyeders. 1813 hatte der Schweizer Mathematiker Simon A. J. L'Huilier erkannt, dass Eulers Formel für Körper mit einem Loch nicht zutraf. Er stellte eine neue Gleichung für einen Körper mit g Löchern auf: $v - e + f = 2 - 2g$. Mit eben diesem Zusammenhang beschäftigte sich Möbius, worauf wir gleich noch einmal zurückkommen.

Löcher in einem Körper

Seit der Erfindung des Möbiusbands lernten Topologen, wie es in den Kontext anderer geometrischer Formen passt. Ein entscheidender Faktor ist beispielsweise die Anzahl der Löcher, die es den Topologen erlaubt, verschiedene Gattungen (das »Geschlecht«) der Form zu identifizieren. So hat eine Form ohne Loch (z. B. ein Lolli) das Geschlecht 0, eine Kaffeetasse oder ein Donut haben das Geschlecht 1. Da diese beiden Objekte ein Loch haben, kann man die Tasse nur durch Dehnen und Biegen in einen Donut umformen – zumindest theoretisch (man kann sich das mit Knetgummi vorstellen).

Ein Armband und das Möbiusband haben ebenfalls beide ein Loch, sodass die Kategorie Geschlecht allein nicht ausreichend ist, um sie zu unterscheiden. Hier kommt der Begriff der »Orientierbarkeit« ins Spiel: Das Armband ist orientierbar (es gibt ein Innen und Außen), das Möbiusband nicht. Wenn eine Ameise auf einer orientierbaren Fläche läuft, hat sie immer dieselbe Richtung. Aber auf einer nichtorientierbaren Fläche läuft die Ameise – so wie in Eschers Grafik – an derselben Stelle in eine andere Richtung, so wie ein Spiegelbild.

Die Erfindung des Möbiusbandes und die nachfolgende Etablierung der Topologie eröffneten neue Wege zur Erforschung der Natur. Beispielsweise spielte ein Zweig der Topologie, die Knotentheorie, eine wichtige Rolle bei der Untersuchung von »DNA-Schleifen« in Lebewesen. Sie kehrt auch in der Stringtheorie wieder, die sich mit der Natur von Materie beschäftigt. Neue Entdeckungen wurden ebenfalls angeregt: So ging die Fields-Medaille, der »Nobelpreis der Mathematik«, 2018 an Akshay Venkatesh für seine Arbeiten zur Vereinigung der Topologie mit anderen Feldern wie der Zahlentheorie.

WELCHE KREISE SCHNEIDEN SICH?

VENN-DIAGRAMME

1880

MATHEMATIKER:
John Venn

ERGEBNIS:
Venn-Diagramme sind leistungsfähige Hilfsmittel der Mathematik, Logik – und vieles mehr.

Nur wenige mathematische Ideen zur Visualisierung sind so bekannt wie die Venn-Diagramme. Kaum jemand weiß jedoch, dass sie nach John Venn benannt sind, der sie 1880erfand. Sie sind ein äußerst nüzliches Instrument, um verschiedenste Sachverhalte grafisch zusammenzufassen und Schnittmengen zwischen diesen zu zeigen. John Venn, der bescheidene britische Mathematiker und Logikprofessor, wäre erstaunt, wenn er wüsste, welche Karriere seine Diagramme gemacht haben, seit er sie in einem eher trockenen Fachaufsatz vorstellte.

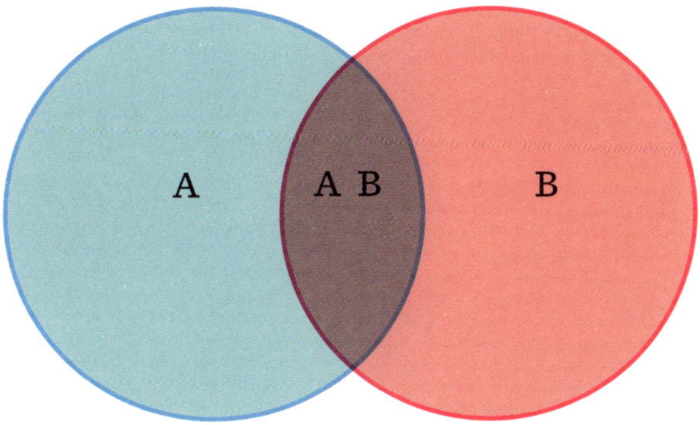

Heute werden Venn-Diagramme weit über die Mathematik hinaus genutzt. Doch das ursprüngliche Konzept war es, ein einfaches mathematisches Hilfsmittel zu schaffen, auch wenn sich dies im Einklang mit den aktuellen Forschungen jener Zeit befand: Die symbolische Logik lag damals in der Luft, zum einen seit Boole seine Algebra eingeführt hatte (siehe S. 112). Zum anderen erhielten diese Ideen im Zusammenhang mit der Mengenlehre der deutschen Mathematiker Georg Cantor und Richard Dedekind in den 1870er-Jahren neue Impulse.

Ein logisches System

Venns Diagramme sollten im Einklang mit der mathematischen Logik stehen und systematisch Mengen von Objekten oder Lebewesen gruppieren, die etwas gemeinsam haben – wie Tiere einer Gattung. Jede Menge erhält einen eigenen

Kreis, und die Kreise überlappen sich: Alle Elemente einer Menge werden so angeordnet, dass diejenigen, die auch zu einer anderen Menge gehören, sich in der überlappenden Fläche befinden. Ein Kreis könnte etwa schwimmende Tiere wie Fische enthalten, ein zweiter laufende Tiere oder Säugetiere. Tiere, die schwimmen und laufen können wie Otter, werden in der Schnittmenge platziert.

Hierbei ging es nicht nur um eine übersichtliche grafische Darstellung. Die Anordnung in den Kreisen entspricht auch dem Verfahren des Schlussfolgerns in der formalen Logik. Venn-Diagramme mit zwei Kreisen sind kategorische Aussagen, wie »Alle A sind B«, »Kein A ist B«, »Manche A sind B« oder »Manche A sind nicht B«. Mit drei Kreisen lassen sich also Syllogismen darstellen, mit zwei Prämissen und einer Konklusion (Schlussfolgerung). Ein Beispiel: Alle Schlangen sind Kriechtiere; alle Kriechtiere sind wechselwarm; also sind Schlangen wechselwarm.

Die Diagramme dienen Venn zufolge nicht nur der Klassifikation, sondern als System logischer Beweise. Entscheidend ist die Benennung der Mengen, üblicherweise durch Großbuchstaben wie X, Y oder Z, und einzelner Elemente, meist durch einen Kleinbuchstaben wie x_1, x_2, x_3. Wenn man sie gut auswählt, liefert die Überlappung den gesuchten Beweis.

Vorläufer

Besonders originell war Venns Idee allerdings nicht. Bereits im 13. Jahrhundert legte der katalanische Mönch Ramon Llull verschiedene grafische Formen zur Darstellung logischer Zusammenhänge dar, und auch Gottfried Wilhelm Leibniz erwähnte Kreise, um Gegenstände zu klassifizieren.

Ein Beispiel mit Getränken: Bier, alkoholarme sowie glutenfreie Getränke. In einem Venn-Diagramm gäbe es drei überlappende Kreise, die verschiedene Kombinationen zeigen. In der Mitte der drei Kreise hätte man ein alkoholarmes, glutenfreies Bier. Selbst wenn es ein solches Getränk nicht gibt, sieht das Venn-Diagramm die Möglichkeit seiner Existenz vor. Das Euler-Diagramm hingegen lässt nur Kreise innerhalb von Kreisen zu: etwa einen alkoholarmen Kreis innerhalb des Bier-Kreises, falls alle alkoholarmen Getränke Biere sind. Aber es konnten so nicht alle möglichen Zusammenhänge aufgezeigt werden.

1760 dann schrieb der Schweizer Mathematiker Leonhard Euler darüber, wie Kreise die logischen Zusammenhänge zwischen Körpern darstellen können. Venn selbst sprach daher von »Euler'schen Kreisen« und räumte ein, solche Kreise seien schon lange bekannt. Und doch leistete er etwas Neues: Eulers Kreise zeigen nur die relevanten Zusammenhänge zwischen Mengen, Venn-Diagramme zeigen alle Zusammenhänge.

Venn-Diagramme heute

Venn-Diagramme haben sich als leistungsfähige Hilfsmittel der Mathematik und Logik erwiesen, etwa bei der Mengenlehre und bei Untersuchungen von Wahrscheinlichkeiten. In der Mathematik können sie – obwohl sie ganz einfach erscheinen – grundlegende Beziehungen zwischen Zahlenmengen enthüllen. In den letzten 50 Jahren haben Venn-Diagramme etwa zum Verständnis der Primzahlen beigetragen. Sie wurden im Zusammenhang mit Gray-Codes eingesetzt (1947 von dem Physiker Frank Gray entwickelt) sowie mit Binomialkoeffizienten, Rotationssymmetrien und vielem mehr.

Ebene Venn-Diagramme enthalten nur zwei oder drei Mengen, wurden aber auch schon in drei oder mehr Dimensionen erstellt, wobei man zusätzliche Mengen hinzugefügte. Mit einem Tesserakt (ein vierdimensionaler Würfel) kann man bis zu 16 sich symmetrisch schneidende Mengen erzeugen, bei Verzicht auf die Symmetrie sogar noch mehr. Schon Venn selbst hatte mithilfe von Röhren, Ellipsen und Kreisen Diagramme mit bis zu sechs Mengen konstruiert.

In anderen Feldern und Wissensgebieten werden Venn-Diagramme ebenfalls eingesetzt: in der Lehre, um verschiedene Ideensammlungen zu vergleichen und zu kontrastieren, sowie in der Wirtschaft, der Werbung oder Planung zu militärischen Zwecken. Venn-Diagramme bieten eine der einfachsten, dabei aussagekräftigsten Möglichkeiten zur Strukturierung von Gedanken, die jemals erfunden wurden.

1899

MATHEMATIKER:
Henri Poincaré

ERGEBNIS:
Poincarés Fehler revolutionierte unsere Ansichten über chaotische Systeme.

KÖNNEN SYSTEME CHAOTISCH SEIN?

DIE MATHEMATIK DES ZUFALLS

Es hätte ein großer Moment in der Karriere des brillanten französischen Mathematikers Henri Poincaré sein sollen: Für seine originelle Arbeit über das Dreikörperproblem war er 1889 vom schwedischen König Oskar II. mit einem Preis ausgezeichnet worden. Darüber hinaus war ihm der Orden der Ehrenlegion verliehen worden und man hatte ihn in die Académie des sciences gewählt.

Doch als sein Aufsatz veröffentlicht werden sollte, fand der junge Redakteur Lars Phragmén einige Punkte, die auf einen bedeutenden Fehler hinwiesen – was Poincaré nur entsetzt bestätigen konnte. Die Publikation musste überarbeitet und der Druck wiederholt werden, was Poincaré weit mehr als das Preisgeld von 2500 Schwedischen Kronen kostete. Trotz der öffentlichen Blamage gab Poincaré den Irrtum sofort zu. Er benötigte viele Jahre, das Problem zu ergründen, doch seine Anstrengungen führten letztlich zur Begründung eines neuen Teilgebiets der Mathematik, der Chaostheorie.

Das Dreikörperproblem

Poincaré hatte seine Arbeit an dem Dreikörperproblem 1885 begonnen und war entschlossen, den vom schwedischen König ausgeschriebenen Preis zu gewinnen. Es ging um ein altes Thema: Wie kann man beweisen oder widerlegen, dass die Bahnen von drei im Weltraum interagierenden Körpern stabil sind? Mit zwei Körpern war das Problem schon vor langer Zeit gelöst worden. Aber bei drei Körpern gab es so viele Variablen, dass auch große Geister daran gescheitert waren (siehe S. 92).

Daher versuchte Poincaré einen neuen Ansatz. Statt die Bewegung eines jeden Massepunkts durch trigonometrische Reihen zu verfolgen, untersuchte er den Bewegungszustand des gesamten Systems mithilfe von Verfahren der von ihm mitentwickelten Topologie. Dazu nutzte er die Differenzialgeometrie, die grafische Kurven, Flächen und Mannigfaltigkeiten (höherdimensionale Darstellungen von Flächen) untersucht. Die Differentialgeometrie will Fragen beantworten wie: »Welcher ist der kürzeste Weg zwischen zwei Punkten auf einer Fläche?« Poincaré berechnete damit Bahnen im »Phasenraum«, ein mehrdimensionaler Raum, der alle möglichen Zustände eines Systems gleichzeitig darstellt. Das war brillante, höchst neuartige Mathematik.

Poincaré kam zwar gut voran, doch die Arbeit war schwierig. Um konkrete Ergebnisse zu erhalten, die die Vorzüge seines neuen Verfahrens zeigten, konzentrierte er sich auf die eingeschränkte Version des Dreikörperproblems, bei dem der dritte Körper eine unendlich kleine Masse hat und keine Gravitation auf die beiden anderen ausübt. Mit dieser Einschränkung konnte er endlich stabile Bahnen in einem Dreikörpersystem zeigen. Der Beweis umfasste zwei einander gegenüberliegende »asymptotische Flächen« – Flächen, die die Grenze zwischen positiver und negativer Krümmung markieren. Die Stabilität wurde bestätigt, weil diese Flächen sich treffen.

Aufstieg und Fall

Die Preisjury sah zwar, dass Poincarés Lösung keineswegs vollständig war, zeigte sich aber beeindruckt vom Scharfsinn und Erfolg seiner Methode. Dann kam der Schlag: Poincaré hatte angenommen, dass zwei asymptotische Flächen sich vereinen, wenn sie sich treffen. Aber bei nochmaliger Durchsicht erkannte er, dass sie sich wieder und wieder kreuzen können. Es war nur ein kleiner Fehler, aber bei mehrfacher Wiederholung, versagte seine Methode.

Poincaré rechnete alles sorgfältig nach. 18 Monate dauerte es bis zu einer überarbeiteten Version seines Aufsatzes. Währenddessen erkannte er, wo der Fehler gelegen hatte: Schon winzige Änderungen der Ausgangsbedingungen konnten zu völlig anderen Umlaufbahnen führen. Also spielte der Zufall auch in einem deterministischen System wie dem Newton'schen Universum eine gewaltige Rolle.

Newton zufolge unterliegen Körper und ihre Beschleunigung strengen Bewegungsgesetzen. Mit den richtigen Berechnungen sollte man die künftige Entwicklung eines Systems genau vorhersagen können. Doch, wie Poincaré schrieb: »Eine sehr kleine, unmerkliche Ursache führt zu einem erheblichen Effekt, der nicht zu übersehen ist, und dann sagen wir, dass dieser Effekt zufällig verursacht wird.« Mit anderen Worten: Einige zufällige und winzige Bewegungsunterschiede können das Ergebnis massiv verändern. Daher schrieb Poincaré:

»Es mag sein, dass kleine Unterschiede in den Anfangsbedingungen sehr große Differenzen im Endphänomen erzeugen. Eine kleine Abweichung bei den ersten erzeugt eine enorme Abweichung bei den letzten. Vorhersagen werden unmöglich.«

Eine Theorie des Zufalls

Genau dort hatte der Fehler bei seinen Berechnungen gelegen. Doch er hatte weit mehr als nur eine Erklärung dafür gefunden, vielmehr handelte es sich um eine bedeutende Entdeckung. 1899 verfasste er einen Aufsatz dazu, 1907 folgte eine populäre Schrift über den »Zufall«. Darin verwendete er den Begriff Chaos, um zu verdeutlichen, wie unvorhersehbar solche kleinen Zufallselemente einige Systeme erscheinen lassen. So könne die Abweichung des Bruchteils eines Millimeters beim Zusammentreffen einer männlichen und einer weiblichen Zelle zur Geburt eines Napoleon führen – oder eben nicht.

Poincaré betonte, dass sich der Zufall und deterministische Systeme nicht gegenseitig ausschließen. Auch das Wetter sei ein Ergebnis des Zufalls, der in der instabilen Atmosphäre wirkt. »Menschen beten um Regen ... und zugleich gilt es als lächerlich, um eine Sonnenfinsternis zu bitten.« Doch das Wetter, so Poincaré, sei ebenso determiniert wie die Sonnenfinsternis. Nur sei der Einfluss des Zufalls beim Wetter so groß, dass wir nicht genug Wissen hätten, um es vorherzusagen. Solche Systeme scheinen chaotisch, aber auch für sie gelten die Gesetze des Universums.

Poincaré hatte tatsächlich eine bedeutende Entdeckung gemacht, doch die meisten, vielleicht sogar er selbst, hielten es eher für eine interessante Laune der Natur. Das änderte sich ungefähr ein halbes Jahrhundert später mit der Entdeckung des sogenannten Schmetterlingseffekts und der Entwicklung der Chaostheorie (siehe S. 159).

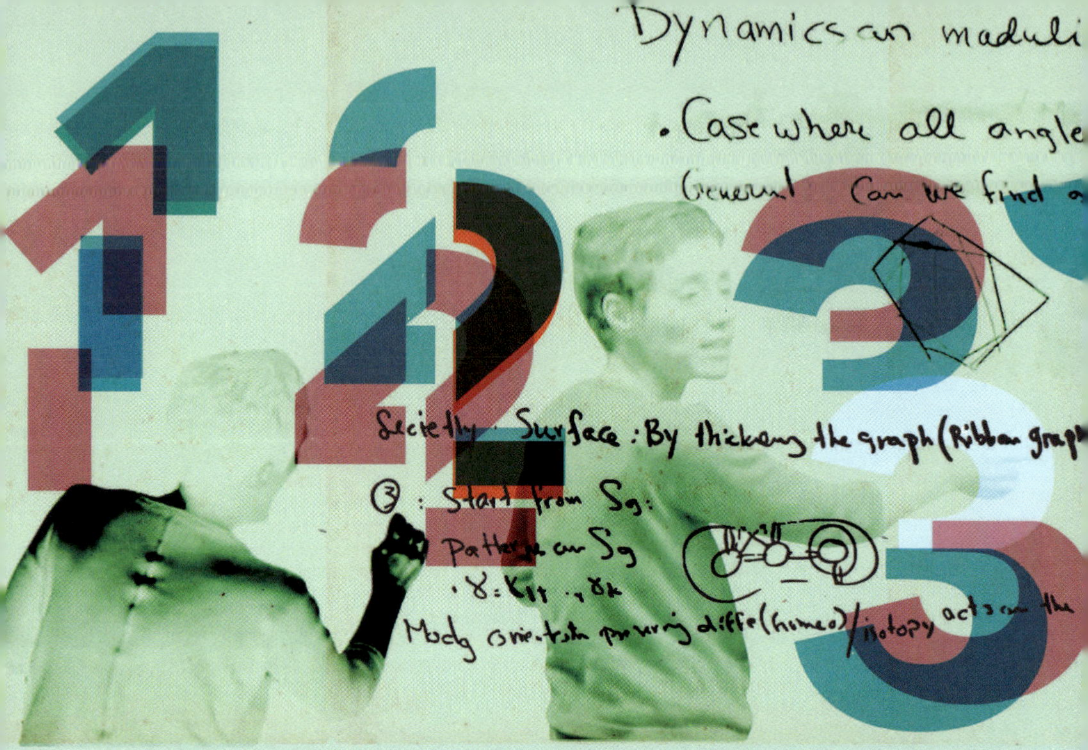

6. KAPITEL Im Geist und im Universum: 1900–1949

Zu Beginn des 20. Jahrhunderts vertiefte sich die Spaltung zwischen angewandter und reiner Mathematik. Es wurde immer schwieriger, die Mathematik mit überwiegend praktischem Nutzen, etwa Shannons Erfindung der binären Digitalsignale, und die Erforschung universeller Gesetzmäßigkeiten, wie Ramanujans Ideen zu π und Primzahlen, miteinander zu vereinbaren. Beide gehörten zweifellos zur Mathematik, aber zu vollkommen unterschiedlichen Lagern.

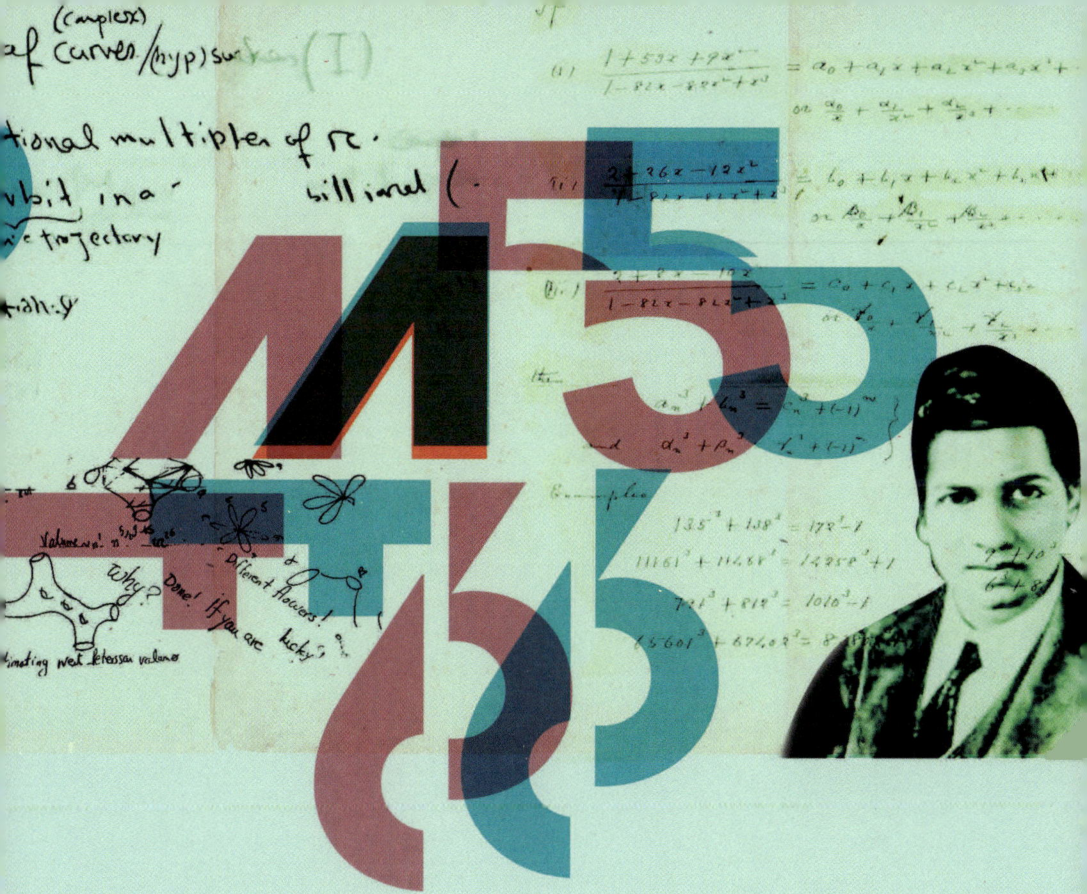

Während die Gebiete auseinanderdrifteten, gelangen US-amerikanischen Mathematikern einige wegweisende Entdeckungen. Die Spieltheorie John von Neumanns, die John Nash später weiterentwickelte, war jahrzehntelang ein Eckpfeiler der ökonomischen Theorie. Gleichzeitig ließen sich Claude Shannon und Norbert Wiener von Alltagsfragen inspirieren und schufen die Grundlagen für zahlreiche Techniken, die das 20. Jahrhundert geprägt haben.

1913

MATHEMATIKER:
Émile Borel

ERGEBNIS:
Wenn genug Zeit vergeht, tritt auch irgendwann ein höchst unwahrscheinliches Ereignis ein.

VON ZUFÄLLEN, GEWISSHEITEN UND DEM UNMÖGLICHEN

DAS THEOREM DER ENDLOS TIPPENDEN AFFEN

»Wahrscheinlichkeit«, sagte 1854 der britische Mathematiker George Boole, »ist Erwartung, begründet auf unvollständigem Wissen. Vollständige Kenntnis aller Umstände, die das Eintreten eines Ereignisses beeinflussen, würde Erwartung in Gewissheit verwandeln.«

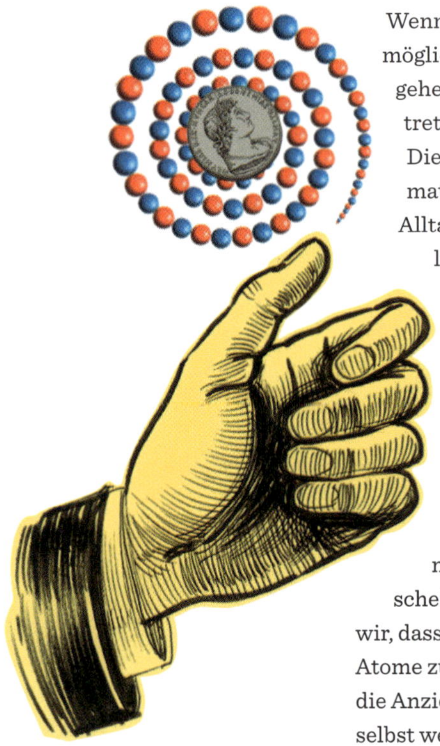

Wenn wir also nicht einmal mit Sicherheit wissen, ob mögliche Ereignisse eintreten, können wir dann davon ausgehen, dass unwahrscheinliche Ereignisse nicht doch eintreten? Und wann wird unwahrscheinlich zu unmöglich? Diese Fragen beschäftigten den französischen Mathematiker Émile Borel zu Beginn des 20. Jahrhunderts. Im Alltag werfen wir das Unmögliche und das Unwahrscheinliche oft in einen Topf. »Der Blitz schlägt nie zweimal am gleichen Ort ein« bedeutet eigentlich: »Das kann niemals geschehen!« – aber vielleicht eben doch …

Eine kurze Geschichte des Zufalls

In der Antike stellten verschiedene Denker Spekulationen darüber an, ob die Welt aus Atomen bestehe, die sich rein zufällig anordnen. Der Grieche Aristoteles hielt das für unwahrscheinlich, aber möglich, der Römer Cicero meinte, es sei so unwahrscheinlich, dass man es ausschließen könne. Heute wissen wir, dass beide recht hatten: In der Tat haben sich zahllose Atome zusammengeballt, aber nicht zufällig, denn es wirkt die Anziehungskraft. Doch Mathematiker lieben Gewissheit, selbst wenn es um Ungewissheiten geht. Im 18. Jahrhundert untersuchte der französische Philosoph und Mathematiker Jean-Baptiste le Rond d'Alembert – dessen Mutter prophezeit hatte, aus ihm würde nie ein Philosoph werden –, ob es lange Reihen gibt, in denen das Auftreten oder Nichtauftreten von Ereignissen gleichermaßen wahrscheinlich ist. Wäre es also möglich, dass man eine Münze zwei Millionen Mal hintereinander wirft und sie jedesmal Kopf zeigt?

Rund ein Jahrhundert später stellte sich ein weiterer französischer Mathematiker, Antoine-Augustin Cournot, die Frage, ob ein Kegel auf der Spitze stehen kann. Natürlich gibt es Akrobaten, die so etwas bewerkstelligen. Doch Cournot ging es um die Unterscheidung zwischen physikalischer Gewissheit – ein physikalisch mögliches Ereignis wie der auf der Spitze stehende Kegel – und der praktischen Gewissheit, dass etwas so unwahrscheinlich ist, dass es auch in der Praxis unmöglich ist. Er formulierte dies als Prinzip: »Es ist eine praktische Gewissheit, dass ein Ereignis mit einer sehr geringen Wahrscheinlichkeit nicht eintreten wird.«

Das Borel'sche Null-Eins-Gesetz

Émile Borel veröffentlichte in den 1920er Jahren eine Reihe von Aufsätzen zu diesem Thema. Er bekleidete als Mathematiker nicht nur hohe akademische Posten, sondern war auch Politiker, unter anderem 1925 Marineminister im Kabinett von Paul Painlevé, ebenfalls ein Mathematiker.

Im Zuge seiner Forschungen zum Unmöglichen entwickelte er das Null-Eins-Gesetz, das im Wesentlichen dem Cournot-Prinzip entspricht. Demnach sind bestimmte Ereignisse zwar mathematisch nicht ausgeschlossen, aber doch so unwahrscheinlich, dass sie letztlich unmöglich sind: So besteht die theoretische Möglichkeit, dass die Sonne eines Tages im Westen aufgeht. Das ist jedoch so unwahrscheinlich (die Erde müsste dafür ihre Umlaufbahn ändern), dass es als unmöglich gilt.

Um es festzulegen, schuf Borel eine Skala, auf der die Wahrscheinlichkeit von Ereignissen so gering ist, dass man sie in der Praxis als unmöglich betrachten kann. Für die meisten Menschen wäre eine Wahrscheinlichkeit von weniger als eins zu eine Million gleichzusetzen mit Unmöglichkeit.

Endlos tippende Affen

1913 hatte Borel bereits jene Idee zu den endlos tippenden Affen formuliert, die in die Geschichte der Mathematik eingegangen ist. Könnten die Affen durch reinen Zufall irgendwann Shakespeares gesammelte Werke auf einer Schreibmaschine tippen? Natürlich ist das höchst unwahrscheinlich, aber aus mathematischer Sicht wird es nach unendlich langer Zeit (oder mit unendlich vielen Affen) sicher geschehen. Es ist also mathematisch nicht unmöglich, nur praktisch ausgeschlossen. Man spricht daher im Zusammenhang mit dem Borel'schen Gesetz auch vom Theorem der endlos tippenden Affen – Infinite-Monkey-Theorem.

Das Bild der Affen, die Shakespeares Werke tippen, ist so fesselnd, dass es immer wieder ins Gespräch kommt, teils scherzhaft, teils mit seriösem Interesse. 2003 konnten Forscher tatsächlich einen Versuch mit Affen durchführen: Sie überließen eine Computertastatur sechs Makaken aus einem britischen Zoo. Diese »schrieben« allerdings weniger darauf, sondern traktierten sie vielmehr mit Steinen oder erleichterten sich sogar darauf. Am Ende hatten sie fünf Seiten getippt, vor allem den Buchstaben »s«, vielleicht ein Zeichen des Missfallens.

2011 ging der Programmierer Jesse Anderson auf Nummer sicher und simulierte eine Million Affen mit einem Computerprogramm. Dieses Heer von Computeraffen schrieb rund 180 Milliarden Zeichengruppen pro Tag. Schon nach 45 Tagen erzielten sie offenbar das erwünschte Ergebnis. Dabei drückte man ein Auge zu, denn das Programm suchte nur nach korrekten Buchstabenfolgen und setzte daraus die »Gesammelten Werke« zusammen. Mathematiker mögen sagen, dass der »Affen-Shakespeare« praktisch unmöglich ist – doch das heißt eben nicht ausgeschlossen ...

BLEIBT ENERGIE IMMER ERHALTEN?

DIE DEFINITION DES UNIVERSUMS DURCH ALGEBRA

1918

MATHEMATIKERIN:
Amalie Emmy Noether

ERGEBNIS:
Innovative Algebra konnte eine Lücke in Einsteins Relativitätstheorie schließen.

Vor gut hundert Jahren stellte eine Mathematikerin einen Satz auf, der zur Grundlage der modernen Physik wurde. Er erwies sich als so bahnbrechend, dass er noch immer neue Einsichten zu Materie und Energie erlaubt. Er stammt von der deutschen Mathematikerin Amalie Emmy Noether, die von Albert Einstein als »kreatives mathematisches Genie« bezeichnet wurde. Dennoch ist ihr Name bis heute fast nur Fachleuten ein Begriff.

Sie gehörte zur ersten Generation von Frauen, die in Deutschland studieren durfte. Auch unter Mathematikern waren Vorurteile tief verwurzelt, und Noether musste sich in ihrer beruflichen Laufbahn ständig damit auseinandersetzen. An der Universität Göttingen, an der sie ihre größten mathematischen Erfolge erzielte, wurde ihr zunächst die Habilitation verwehrt. Vier Jahre lang hielt sie ihre Vorlesungen daher als »David Hilberts Assistentin« und konnte erst nach Ende des Ersten Weltkriegs als damals erste Frau in Deutschland eine Professur für Mathematik antreten.

Eine relativ schwierige Aufgabe

1915 veröffentlichte Einstein seine Allgemeine Relativitätstheorie. Wenngleich das sogenannte Noether-Theorem erst einige Jahre später publiziert wurde, schloss es eine gravierende Lücke in Einsteins Theorie und trug zum Verständnis der Erhaltungssätze der Physik bei.

Die Newton'schen Bewegungsgesetze beschrieben die Bedeutung der Impulserhaltung – ein Beispiel dafür ist Newtons Kugelstoßpendel. Auch die Drehimpulserhaltung ist zentral, sie führt etwa im Eiskunstlauf zur Beschleunigung während einer Pirouette. Im 19. Jahrhundert hatte man die Energieerhaltung als eines der wichtigsten Naturgesetze erkannt. Demnach bleibt die Gesamtenergie eines beliebigen Systems immer gleich. Die Energie kann unterschiedliche Formen annehmen, doch dabei ändert sich die Gesamtenergie nie. Diese Aussage war eine Grundbedingung jeder physikalischen Theorie.

Doch genau dagegen verstößt die Relativitätstheorie. Sie enthält zwar eine Formel zur Energieerhaltung, doch als die Göttinger Mathematiker David Hilbert und Felix Klein sie genauer untersuchten, schien die Formel nicht mehr auszusagen als etwa $x - x = 0$. Damit widerlegten sie Einstein keineswegs, zeigten aber auf, dass die mathematischen Grundlagen unvollständig waren. Klein und Hilbert benötigten die Unterstützung eines Experten im Bereich der Mathematik der Invarianten, also von Dingen, die sich nicht ändern, wie etwa die Energie. In diesem Zusammenhang war die Kooperation mit ihrer Kollegin Emmy Noether von entscheidender Bedeutung.

Wie man es auch betrachtet

Noether hatte kein weitreichendes Interesse an Physik, für sie war die Energieerhaltung ein rein mathematisches Problem. Sie verwendete den hochaktuellen Ansatz der Transformationen – Vergrößerungen, Rotationen und Verschiebungen, die ein Objekt nicht verändern – sowie die Symmetrien. Die Idee, komplexe algebraische Gleichungen mithilfe von Symmetrien (ähnliche Gruppen von Termen) zu lösen, hatte Évariste Galois ein Jahrhundert zuvor präsentiert (siehe S. 106). Noethers Geniestreich war es, Symmetrien zur Untersuchung von Erhaltungssätzen in derselben Weise anzuwenden wie bei der Lösung algebraischer Gleichungen.

Noether gelang es, innerhalb kurzer Zeit zwei Sätze hierzu zu entwickeln. Der zweite besagt, dass die Allgemeine Relativitätstheorie tatsächlich ein Sonderfall ist, wie Hilbert und Klein vermutet hatten. Im Rahmen dieser Theorie bleibt die Energie lokal nicht immer erhalten, wohl aber über das ganze Universum betrachtet.

Wirklich bahnbrechend aber war der erste ihrer Sätze. Mit dem später so benannten Noether-Theorem zeigte sie, dass alle Erhaltungssätze miteinander zusammenhängen – Energie, Impuls, Drehimpuls und so fort. Sie alle sind durch Symmetrien verknüpft. Zu jedem Erhaltungssatz gehört eine bestimmte Symmetrie und umgekehrt. Das Noether-Theorem liefert Gleichungen, um die zu jedem Erhaltungssatz gehörende Symmetrie zu identifizieren: Zur Energieerhaltung gehört eine zeitliche, zur Impulserhaltung eine räumliche Translationssymmetrie. Mit anderen Worten, diese Größen bleiben erhalten, auch wenn man Körper im Raum verschiebt oder in der Zeit zurückgeht. Die grundlegenden physikalischen Gleichungen ändern sich nicht in Raum und Zeit.

Die Macht der Symmetrie

Noethers Habilitationsschrift *Invariante Variationsprobleme* wurde am 26. Juli 1918 eingereicht. Die wesentliche Aussage lässt sich folgendermaßen umschreiben:
Eine angestoßene Billardkugel bewegt sich geradlinig, weil der Tisch eben (also invariant) ist. Wäre der Tisch gekrümmt, würde die Kugel eine andere Bahn beschreiben.

Noethers Schrift hat über die Jahrzehnte immer mehr an Bedeutung gewonnen. In den 1970er-Jahren fassten Physiker alle bekannten Elementarteilchen in einer Theorie zusammen, dem sogenanten Standardmodell, das auf dem Noether-Theorem aufbaut und Symmetrien voraussetzt. Eine Symmetrie sagte auch die Existenz des Higgs-Bosons voraus, das erst 2012 experimentell nachgewiesen wurde.

Der Name Emmy Noether ist in der Physik aufgrund ihres Theorems zu Symmetrien und Erhaltungsgrößen bekannt. In der Mathematik wird ihr Name vor allem mit der Entwicklung der abstrakten Algebra verbunden, die sich auf die gänzlich theoretische Untersuchung algebraischer Strukturen konzentriert. Emmy Noether war zweifellos einer der bedeutendsten mathematischen Köpfe des 20. Jahrhunderts.

UM **1918**

MATHEMATIKER:
Srinivasa Ramanujan

ERGEBNIS:
Ein mathematischer Autodidakt stellt sich als Genie heraus und revolutioniert die Zahlentheorie.

WELCHE NUMMER HAT DAS TAXI?

1729 UND DIE ZAHLENTHEORIE

Im Jahr 1916 besuchte der berühmte Professor an der Universität Cambridge Godfrey Harold Hardy seinen jungen Schützling Srinivasa Ramanujan, einen mathematischen Autodidakten aus Indien, im Krankenhaus. Hardy berichtete später, er sei in einem Taxi mit der Nummer 1729 gefahren und habe gesagt, diese Zahl sei ziemlich langweilig. Doch Ramanujan habe erwidert: »Nein, das ist eine sehr interessante Zahl; es ist die kleinste Zahl, die man auf zwei verschiedene Arten als Summe zweier Kubikzahlen schreiben kann.« Er hatte recht:

$1729 = 1^3 + 12^3 = 9^3 + 10^3$

Ramanujan war nicht der Erste, dem dies auffiel. Schon 1657 hatte der französische Mathematiker Bernard Frénicle de Bessy diese Feststellung gemacht. Vermutlich wollte Hardy seinen Freund aufmuntern, indem er ihn beweisen ließ, wie interessant die Zahl 1729 in Wirklichkeit ist.

Die Suche nach dem Taxi

Diese Geschichte lenkte die Aufmerksamkeit auf die kleinsten Zahlen, die sich auf mehrere (n) Arten als Summe zweier Kubikzahlen darstellen lassen, die sogenannten Taxicab-Zahlen. Seitdem sind Mathematiker auf der Suche nach weiteren Exemplaren.

Hardy und sein Kollege Edward Wright wollten beweisen, dass es möglich sei, Taxicab-

Zahlen für alle ganzen Zahlen n zu finden. Ihr Beweis bildete die Grundlage für entsprechende Computerprogramme. Theoretisch gibt es unzählig viele Taxicab-Zahlen, doch sie sind nur schwer fassbar. Ein Programm kann zwar viele solcher Zahlen identifizieren, doch nicht die kleinste davon bestimmen, also die wahre Taxicab-Zahl. Nach einem Jahrhundert der Suche sind nur die ersten sechs bekannt:

Ta(1): 2
Ta(2): 1729 (de Bessy, 1657)
Ta(3): 87539319 (Leech, 1957)
Ta(4): 6963472309248 (Rosenstiel, Dardis und Rosenstiel, 1989)
Ta(5): 48988659276962496 (Dardis, 1994)
Ta(6): 24153319581254312065344 (Hollerbach, 2008)

Die nächste Zahl, Ta(7), wäre dann die kleinste, die sich auf sieben verschiedene Arten als Summe von zwei Kubikzahlen ergibt.

Verschiedene Taxitypen

Einige Mathematiker haben darüber hinaus andere Zahlen gesucht, die sich als Summe von Kubikzahlen ergeben. Während Taxicab-Zahlen die Summe positiver Kubikzahlen sind, können »Cabtaxi«-Zahlen auch negative Zahlen sein, etwa

$91 = 6^3 - 5^3 = 3^3 + 4^3$

Solche obskuren Zahlen sind extrem schwer zu entdecken. Doch sind sie in der Praxis durchaus von Bedeutung, etwa bei der Entwicklung komplexer Verschlüsselungsmethoden. TAN-Nummern für Online-Banking können beispielsweise aus Kubikzahlen zusammengesetzt sein – und es ist für Hacker fast unmöglich herauszufinden, in welche Kubikzahlen sie zerfallen. Wir verdanken Ramanujan und Hardy also ein Stück Onlinesicherheit.

Ein Brief aus Indien

Die Taxicab-Zahlen waren natürlich nur ein Aspekt der Arbeit von Ramanujan und Hardy. 1913 hatte ihre Zusammenarbeit mit einem ungewöhnlichen Brief an Hardy begonnen. Darin bat Ramanujan, damals ein armer Angestellter in der Hafen-

behörde von Madras (heute Chennai), den Professor darum, einige seiner mathematischen Berechnungen zu prüfen.

Hardy war zunächst skeptisch, doch als er die Notizen durchsah, fand er eine Unmenge an verblüffenden und komplizierten Gleichungen zu unendlichen Reihen, Integralen und Primzahlen. An einer Stelle behauptete Ramanujan, er habe eine Funktion von X gefunden, die sich als Summe aller Primzahlen kleiner als X ergibt. Es wäre der mathematische Durchbruch des Jahrhunderts gewesen. Doch weil Ramanujan sich sein gesamtes mathematisches Wissen im Selbststudium angeeignet hatte, war seinen Aufzeichnungen nicht gleich anzusehen, ob es sich um das Werk eines Genies oder eines Hochstaplers handelte. Nach Beratungen mit Kollegen schickte Hardy Ramanujan eine Einladung zum Studium in Cambridge.

Der Beweis über die Primzahlfunktion stellte sich später als falsch heraus, doch Ramanujan war tatsächlich ein Genie. Fünf Jahre lang arbeiteten er und Hardy eng zusammen, vor allem über Primzahlen. Ramanujans Veröffentlichungen in Cambridge waren konventionell geschrieben mit den üblichen strengen Beweisen. Doch seine persönlichen Notizbücher zeigen, dass er nicht in Form strenger Beweisführung dachte. Für ihn zählten nur die Antworten.

Ramanujans »Master Theorem«

Eine der herausragenden Leistungen Ramanujans ist die Entwicklung einer Formel zur Berechnung von Integralen und unendlichen Reihen. Die Herleitung setzt eine chaotische Mischung verschiedener Methoden ein, doch alle Ergebnisse aus Berechnungen mit der Formel haben sich als korrekt erwiesen. Ramanujan arbeitete ferner über Partitionen (die Art, wie man eine Zahl in Summanden zerlegen kann) und entwickelte eine Theorie zu x^{n-1}, die ein halbes Jahrhundert später zu einem Durchbruch in der algebraischen Geometrie beitrug.

Doch in Erinnerung bleiben wird Ramanujan vor allem wegen der Taxicab-Anekdote – obwohl sie sicherlich das Unbedeutendste ist, das diesem überaus kreativen mathematischen Geist entsprang.

WIE GEWINNT MAN AM BESTEN?

SPIELTHEORIE UND MATHEMATISCHE STRATEGIE

1928

MATHEMATIKER:
John von Neumann

ERGEBNIS:
Die Spieltheorie beschreibt die Entwicklung von Strategien für den maximalen persönlichen Gewinn.

Die Spieltheorie untersucht Interaktionen mathematisch als Strategiespiel mit zwei oder mehr Spielern, die alle gewinnen wollen. Sie geht auf den ungarischen Mathematiker John von Neumann zurück, der 1933 in die USA emigrierte und später möglicherweise das Vorbild für den verwirrten Kernphysiker Dr. Seltsam in Stanley Kubricks gleichnamigem Film war.

Von Neumann legte seine Idee 1928 in dem Aufsatz »Zur Theorie der Gesellschaftsspiele« dar. Anregungen dafür bezog er aus Kartenspielen und Spielen seiner Kindheit, in denen ähnliche Strategien wie beim Schach genutzt wurden. Poker, so führt er aus, sei kein Glücksspiel, sondern ein Strategiespiel – die Strategie sei der Bluff. Ist es möglich, so seine Ausgangsfrage, die beste Strategie dafür mathematisch zu beschreiben?

Strategien fürs Pokern und für den Krieg

Schon Anfang der 1920er-Jahre hatte Émile Borel mehrere Schriften dazu publiziert, ob die Mathematik eine erfolgreiche Pokerstrategie bereitstellen könne, die mit wenigen Informationen über die Karten der Mitspieler auskomme. Nach

seiner Auffassung ließe sich eine solche Strategie auch auf die Wirtschaft und militärische Szenarien übertragen. Bereits vor Borel hatte es Anstrengungen gegeben, Gewinner-Strategien mathematisch herzuleiten.

Doch erst von Neumann begründete eine eigenständige Spieltheorie. Dafür griff er unter anderem auf Taktiken der US-Streitkräfte im Pazifik während des Zweiten Weltkriegs zurück. Ab 1943 arbeitete von Neumann dann am sogenannten Manhattan-Projekt zur Entwicklung der Atombombe mit. Er entwarf dort Modelle, um die Abschussgefahr für Bomberflugzeuge zu reduzieren, und nutzte Mathematik zur Auswahl strategisch effizienter Ziele.

Während der Arbeit an der Bombe schrieb er zusammen mit dem ebenfalls in die USA emigrierten Wirtschaftswissenschaftler Oskar Morgenstern das Buch *Spieltheorie und wirtschaftliches Verhalten*, das sie 1944 abschlossen. Als es dann 1946 erscheinen konnte, eroberte es die Titelseiten der Tageszeitungen.

Obwohl das Buch im Zusammenhang mit kriegerischen Konflikten entstanden war, sahen von Neumann und Morgenstern eher Parallelen von wirtschaftlichem Handeln und Kämpfen sowie Spielsituationen. Die Wirtschaft zu analysieren wie zuvor das Pokerspiel, brachte von Neumann auf die Theorie der rationalen Wahl (»rational choice«). Diese zielt darauf ab, menschliches Verhalten mathematisch vorherzusagen, indem sie davon ausgeht, dass jeder Spieler gewinnen will.

Die Spieltheorie betrachtet Menschen bei Interaktionen als Spieler oder Akteure, die eine Strategie für den größtmöglichen Gewinn suchen. »Das wahre Leben«, so von Neumann, »besteht aus Bluff, ein bisschen Betrug und der

Frage, was das Gegenüber wohl als Nächstes von mir erwartet.« Somit sei es am besten, nicht auf Sieg zu spielen, sondern den eigenen Verlust zu minimieren. Diese Strategie ist als »Minimax« bekannt – minimiere den maximal möglichen Verlust.

Das »Gefangenendilemma«: reden oder schweigen?

Das berühmteste Beispiel hierfür ist das »Gefangenendilemma«. Stellen Sie sich vor, Sie und Ihr Komplize werden von der Polizei getrennt verhört. Wenn Sie sich gegenseitig schützen, indem Sie nicht aussagen (in der Spieltheorie heißt das »Kooperation«), reichen die Beweise nur für fünf Jahre Haft. Legt Ihr Komplize ein Geständnis ab (»Defektion«, Treuebruch), wird er freigelassen, und Sie kommen für 20 Jahre ins Gefängnis. Wenn Sie beide gestehen, werden Sie jeweils zu zehn Jahren Haft verurteilt.

Die Spieltheorie geht davon aus, dass Sie das beste Ergebnis für sich selbst erzielen wollen. Die möglichen Ergebnisse können für jede Strategie durch Zahlenpaare ausgedrückt und mathematisch analysiert werden. Demnach sollten Sie beide gestehen. Obwohl Sie dann zehn Jahre eingesperrt werden, vermeiden Sie damit das Risiko, dass der Mittäter sich entlastet und Sie die Höchststrafe erhalten. Dieses Szenario hat somit weniger fatale Folgen, es ist ein Minimax.

Die Spieltheorie erschien als wunderbar unkomplizierte Methode zur Entwicklung neuer Strategien, und das amerikanische Militär nahm sie rückhaltlos an. Die Theorie sicherte die Strategie des nuklearen Wettrüstens ab, da die Verantwortlichen voraussetzten, die Sowjets würden dasselbe Spiel spielen und ein Kernwaffenarsenal aufbauen. Seine Biografen sagten über von Neumann, er selbst habe sich für einen atomaren Präventivschlag gegen Moskau ausgesprochen, um dies zu verhindern. Glücklicherweise kam es nicht dazu.

Später kam der Spieltheorie eine Schlüsselrolle in der Wirtschaftswissenschaft und sogar in der Evolutionstheorie zu. Doch obwohl die Mathematik einfach und elegant ist und die Theorie ein neues Licht auf viele Situationen werfen kann, ist sie alles andere als ein vollkommenes Modell menschlichen oder tierischen Verhaltens – und bleibt sehr umstritten.

1931

MATHEMATIKER:
Kurt Gödel

ERGEBNIS:
Ein Paradoxon aus der griechischen Antike erschütterte die Vorstellung von der Mathematik als objektiv und wahrhaftig.

DAS UNVOLLSTÄNDIGE SYSTEM

ANGRIFF AUF DEN KERN DER MATHEMATIK

Eins ist eins und zwei plus zwei ist vier. Ganz offensichtlich wahr? Zumindest glauben dies die meisten Menschen. Während vieles eine Meinung sein kann, erscheint die Mathematik immer als unumstößlich wahr. Wer einen mathematischen Satz beweist, hat also die Wahrheit gefunden, oder?

Der logische Aufbau der Mathematik

Vor rund einem Jahrhundert jedoch strebten einige Mathematiker und Philosophen danach, diese Annahme auf eine festere Grundlage zu stellen. Angeregt wurden sie durch neue Entwicklungen in der Mengenlehre. So wie Euklid 2300 Jahre zuvor eine Reihe von Grundaussagen (Axiome) formuliert und darauf die gesamte Geometrie aufgebaut hatte, wollten sie dies für die Mathematik als Ganzes tun. Das Unterfangen begann zwischen 1910 und 1913 mit der monumentalen Schrift *Principia Mathematica* der Mathematiker und Philosophen Bertrand Russell und Alfred N. Whitehead. Es ging ihnen darum, die Mathematik einer grundlegenden Analyse zu unterziehen und sie letztlich auf einige Kernaussagen zu reduzieren, auf denen alles Übrige logisch aufbauen konnte.

Eine gewaltige Aufgabe. Doch der Ansatz der Wissenschaftler erschien so vielversprechend, dass der Mathematiker David Hilbert ein Forschungsprogramm aufstellte, um einen vollständigen Satz von Axiomen darzulegen, aus dem sich die gesamte Mathematik herleiten ließ. Ein solches Axiomensystem sollte in sich stimmig (konsistent) und vollständig sein, sodass alle daraus abgeleiteten Beweise wahr sein mussten. Die Annahme war: Wenn es logisch konsistent ist, dann kann es keine zwei einander widersprechenden Aussagen geben. Wenn es vollständig ist, hat jede Aussage einen Beweis.

Anfang der 1930er-Jahre hatte Hilbert sein Werk im Wesentlichen abgeschlossen. Just zu diesem Zeitpunkt betrat der junge österreichische Mathematiker Kurt Gödel die wissenschaftliche Bühne mit einer verstörenden Entdeckung. In seinem Aufsatz »Über formal unentscheidbare Sätze der *Principia Mathematica* und verwandter Systeme« stellte er 1931 seine beiden »Unvollständigkeitssätze« vor.

Das Lügner-Paradox

Gödel arbeitete mit einer aktualisierten Version des alten Lügner-Paradoxes: Kann man jemandem glauben, der behauptet, niemals die Wahrheit zu sagen? Von dem Kreter Epimenides soll der Ausspruch stammen: »Alle Kreter sind Lügner.« Sagte er die Wahrheit oder nicht? Ein vollständiges Paradox enthält der Satz nicht, denn Epimenides mag auch gelogen haben und wenigstens einen Kreter kennen, der die Wahrheit sagte. Daraus folgte für einige Logiker: »Dieser Satz ist falsch.« Wenn er tatsächlich falsch ist, dann muss er paradoxerweise wahr sein und umgekehrt.

Gödel untersuchte in seiner Arbeit genau diese Aussage, und zwar – schließlich ging es um Mathematik – in der Form: »Dieser Satz hat keinen Beweis.« Beweise in der Mathematik besagen im Wesentlichen, dass eine Zahlenmenge gleich einer anderen ist, und Zahlen sind hier einfach nur Symbole. So hätte Gödel die Aussage auch als arithmetisches Äquivalent – »Dieses Theorem hat keinen Beweis« – formulieren können, sei es als arithmetische Prozedur oder als Algorithmus zu einer Folge von Primzahlen in der dritten Potenz. Genau das war sein Ansatz.

Doch sofort tauchte ein Problem auf: Entweder hat der

Satz einen Beweis oder nicht. Wenn er bewiesen werden kann, widerspricht er sich selbst. Wenn nicht, dann verstößt er gegen die Prämisse der Vollständigkeit aus dem sogenannten Hilbertprogramm, derzufolge jeder Satz einen Beweis hat.

Im zweiten seiner Unvollständigkeitssätze zeigte Gödel, dass dieser Kunstgriff auch auf das Konsistenz-Kriterium anwendbar ist: Wenn die Arithmetik konsistent ist, kann es keinen Beweis für die Konsistenz geben. Und wenn jemand einen Beweis für die Konsistenz liefert, zeigt das, dass die Arithmetik eben nicht konsistent ist.

Kein System ohne Widersprüche

Damit hatte Gödel das Fundament von Hilberts Axiomen zerstört, die Konsistenz und die Vollständigkeit – ein Tiefschlag nicht nur für Hilberts Forschungsprogramm, sondern für die Mathematik im Allgemeinen. Eine Zeit lang hoffte man, es handele sich nur um eine kleine technische Panne, doch weitere Arbeiten anderer Mathematiker kamen zu dem Ergebnis, dass der Gedankengang für alle axiomatischen Systeme gilt.

Die Mathematik konnte damit nicht mehr als Vermittlerin wahrhaftiger Aussagen gelten – und ein mathematischer Beweis nicht als unumstößlich. Zwar konnten Aussagen wahr sein, aber vielleicht nicht beweisbar. Diese Möglichkeit war den Mathematikern seit der griechischen Antike nicht in den Sinn gekommen. Mathematische Logik war stets ein klares Ja oder Nein. Ein Satz war entweder wahr oder falsch, beweisbar oder widerlegbar. Jetzt musste es einen dritte Weg geben: Ja, nein oder vielleicht.

In der Theorie bedeutete es, dass das Gebäude der Mathematik nur ein Kartenhaus war. In der Praxis machte es kaum einen Unterschied, außer für diejenigen, die wie Hilbert versuchten, es zu errichten. Die einzige Ausnahme war das wachsende Feld der Informatik, die auf binäre Antworten und Gewissheiten angewiesen ist. Hier wurde eine Krise ausgelöst, die erst nach einiger Zeit gelöst werden konnte.

WAS IST EINE RÜCK-KOPPLUNGSSCHLEIFE?

REGELUNG UND KOMMUNIKATIONSTHEORIE

1948

MATHEMATIKER:
Norbert Wiener

ERGEBNIS:
Wieners Arbeiten zu Regelungssystemen inspirierte ihn zu einer mathematischen Formulierung der Rückkopplung.

Im Zweiten Weltkrieg arbeitete der US-amerikanische Mathematiker Norbert Wiener im Auftrag des Militärs an Luftabwehrsystemen und suchte nach Methoden automatischer Zielsuche für Raketen. In diesem Zusammenhang dachte er auch über Regelungssysteme und ihre Abhängigkeit von Rückmeldungen nach.

Die Idee der Rückmeldungen war damals nicht neu: Jedes Lebewesen braucht Feedback, um sich an die Umgebung anzupassen und darauf zu reagieren. Die Sinnesorgane erfassen dazu ununterbrochen Daten, die uns selbst bei den einfachsten Aufgaben Orientierung geben. Auch Mechanismen, die automatisch auf Veränderung reagieren, existierten lange zuvor – schon der historische Mühlteich ließ automatisch Wasser ablaufen, wenn der Pegel zu weit anstieg.

Was genau es mit dem Rückkopplungsmechanismus auf sich hat, untersuchte jedoch erst Wiener in seinem Buch *Kybernetik. Regelung und Nachrichtenübertragung im Lebewesen und in der Maschine*, das 1948 erschien. Bei der Arbeit mit Luftabwehrsystemen hatte er die Erfahrung gemacht, dass auf Feedback auch nicht immer Verlass war. Kam es hier zu Verzögerungen, konnte das Geschütz nicht korrekt ausgerichtet werden und feuerte nacheinander auf verschiedene Seiten des Ziels.

Information im Kreis

Wiener suchte nach Ähnlichkeiten zwischen jenen Feedback-Fehlern und solchen im menschlichen Gehirn. Natürlich kannte er die Reflexschleifen im Körper – so schreckt die Hand zurück, wenn sie mit glühender Hitze in Berührung kommt. Doch Wiener wollte es genauer wissen und fragte einen Neurologen, was geschieht, wenn das Kleinhirn (eines der Kontrollzentren

im Gehirn) beschädigt ist. In diesen Fällen führt die Hand zunächst keine zielgenaue Bewegung aus, wenn sie nach etwas greift. Gelangt die Rückmeldung der Hand nicht schnell genug zum Gehirn, um die Hand zu steuern, beginnt sie zu zittern. Man spricht von Intentionstremor. Als Wiener seine Forschungen nach dem Krieg fortsetzte, erkannte er das Zyklische der Rückmeldung. Zwischen Aktion und Reaktion, Anstoß und Antwort, Ursache und Wirkung besteht eine stetige Rückkopplung. Jede Veränderung löst eine Reaktion aus, die wiederum den Stimulus beeinflusst – Wiener sprach von einer Rückkopplungsschleife.

Positive und negative Rückkopplung

Dabei unterscheidet man zwischen positiven und negativen Rückkopplungsschleifen. Bei einer positiven Rückkopplung verstärkt das Feedback das Signal. Man kennt das von Konzerten, wenn ein Mikrofon den Schall aus einem Lautsprecher aufnimmt und verstärkt – das Ergebnis ist ein lauter Quietschton. Auch wenn der Begriff vielleicht Positives erwarten lässt, weist er in Wirklichkeit auf Kontrollverlust hin. Es kann zu einer Art Teufelskreis kommen, einer unkontrollierten Eskalation. Ein Beispiel sind die durch die Klimaerwärmung auftauenden Permafrostböden, die Methan freisetzen, wodurch sich wiederum der Klimawandel beschleunigt.

Die »normale« Regelung braucht eine negative Rückkopplung. Dabei wird das System stabilisiert, denn die Reaktion geht zurück, sobald das Feedback ein bestimmtes Level erreicht. So schaltet etwa der Thermostat die Zentralheizung ab, sobald die Sensoren einen Temperaturanstieg anzeigen.

Maxwells Regler

Negative Rückkopplungsschleifen waren als Phänomen schon lange bekannt. Sie wurden bereits von dem schottischen

Physiker James Clerk Maxwell mathematisch untersucht. In einer Schrift von 1868 betrachtete er den Drehzahlregler für Dampfmaschinen, den James Watt 1788 erfunden hatte – vier Stäbe mit daran hängenden Gewichten, die sich um eine Achse drehen. Sobald die Maschine schneller wird, treibt die Zentrifugalkraft die Gewichte nach außen und damit in die Höhe. Dadurch wird ein Hebel bewegt, der die Dampfzufuhr drosselt. Sobald die Maschine bremst, sinken die Gewichte, und der Dampfhebel geht wieder auf.

In seiner Forschung zu Regelungszyklen griff Maxwell auf die Erkenntnisse des französischen Physikers Nicolas Léonard Sadi Carnot über den Wärme- und Energiekreislauf in Wärmekraftmaschinen aus den 1820er-Jahren zurück. Doch erst Maxwells Arbeit verankerte die Idee der Regelungsschleifen in der Wissenschaft. Der Begriff »Kybernetik« im Titel von Wieners Buch spielt auf Maxwells Arbeit an: Das griechische Wort *kybernetes* lässt sich mit »Steuermann« oder »Regler« übersetzen.

Die kybernetische Zukunft

Wiener entwickelte die Theorie der Regelungsmechanismen durch Feedback wesentlich weiter. Unter Systemen, deren Input und Output bekannt sind, identifizierte er »Black boxes«, bei denen die interneVerarbeitung nicht bekannt ist, und unterschied sie von »White boxes«, bei denen die interne Verarbeitung wohl definiert ist.

Sein Buch lenkte die Aufmerksamkeit auf das Thema Steuer- und Regelungsschleifen und verbreitete den Begriff »Kybernetik«. Während die automatische Regelung von Maschinen längst bekannt war, sagten Wieners Arbeiten die enorme Entwicklung rückgekoppelter Regelungsmechanismen auch im Zusammenhang mit dem Aufkommen des Computers voraus. Er prophezeite eine Welt voller automatischer Regelungssysteme. Die dank Rückkopplung vollautomatischen Maschinen würden viele Arbeitskräfte überflüssig machen. Auch in der Robotik kommen Wieners Ideen zum Tragen, wo die Interaktion von Robotern mit der Welt auf Rückkopplungsschleifen beruht.

Geregelte Systeme sind heute weit verbreitet, Wiener sah diese Entwicklung aber durchaus kritisch.

1948

MATHEMATIKER:
Claude Shannon

ERGEBNIS:
Shannon löste das Problem des Weißen Rauschens durch Digitalisierung.

WIE WIRD INFORMATION AM BESTEN ÜBERMITTELT?

BINÄRE ZAHLEN UND DIGITALE SIGNALE

Die Übermittlung beliebiger Signale über größere Entfernungen und mehrere Stationen ist problematisch, wie jeder schon bei dem Kinderspiel »Stille Post« erlebt hat. Ein ursprünglich sinnvoller Satz wird verstümmelt, Informationen gehen verloren, der Inhalt wird verfälscht – mit möglicherweise gravierenden Folgen, etwa wenn im Krieg Menschenleben von einer Nachricht abhängen.

Verbindungsprobleme

In den 1940er-Jahren wurde das Telefonnetz ausgebaut, und es schien naheliegend, Telefonkabel auch durch den Atlantik zu verlegen. Ein transatlantisches Telegrafenkabel existierte immerhin schon seit fast hundert Jahren. Doch als das Telefonkabel verlegt war, zeigte sich, dass der Empfänger Nachrichten vom anderen Kontinent nicht mehr verstehen konnte.

Die Telefontechniker und Ingenieure suchten nach einer technischen Lösung. Das Signal wurde offenbar über die lange Strecke immer schwächer. Warum also sollte man es unterwegs nicht verstärken? Doch während sich das Signal ausbreitete, kamen Fehler hinzu – etwa zufälliges Hintergrundrauschen, das »Weiße Rauschen«. Durch die Verstärkung wurde auch das Rauschen intensiviert, sodass am Ende das Rauschen so stark war, dass die eigentliche Nachricht darin unterging.

Das erschien als ein unüberwindliches Hindernis. Daher wollte Claude Shannon, ein Mathematiker und Elektroingenieur am Bell Laboratorium in den USA, einen anderen Weg gehen. Ihm war klar, dass das Problem nicht technisch gelöst werden konnte, sondern nur, indem man nach neuen Wegen der Nachrichtenübermittlung suchte. In seinem Beitrag *Mathematische Grundlagen der Informationstheorie* von 1948 wurde zunächst definiert, was »Information« ist. Es handelt sich dabei um etwas, das neu und anders ist: Hintergrundrauschen ist zufällig und ohne Eigenschaften, eine Information dagegen ist eine Nachricht, die noch nicht bekannt ist. Information ist ein unerwartetes Signal über dem Rauschen, eine Neuigkeit. Darin unterscheidet sie sich vom Weißen Rauschen.

Das gilt nicht nur für Telefongespräche, sondern für jegliche Information. Diese Feststellung führte zu einer Reihe grundlegender Erkenntnisse über die Funktionsweise unserer Umwelt.

Informationsentropie

Im 19. Jahrhundert hatten Physiker wie etwa Ludwig Boltzmann versucht, Ordnung und Unordnung im Universum thermodynamisch zu beschreiben. Im Zweiten Hauptsatz der Thermodynamik geht es um die Entropie – die maximale Unordnung –, zu der jeder Zustand letztlich strebt. Nach Shannon ist eine Information eine Ordnung, sodass Informationsverlust durch Weißes Rauschen einer Zunahme von Unordnung beziehungsweise Entropie entspricht. Er führte eine Gleichung ein, mit der sich die Wahrscheinlichkeit des Zerfalls von Information berechnen ließ. Diese Gleichung ist bis heute die Stütze der Informationstheorie.

Etwa 20 Jahre zuvor hatte der Elektoingenieur Ralph Hartley das Konzept »Information« als messbare, mathematische Größe eingeführt. Shannon erkannte, dass der Neuigkeitswert einer Information sich ganz leicht messen lässt, und lüftete damit das Geheimnis der rauschfreien Übermittlung. Die Lösung lag in der binären Mathematik.

Nullen und Einsen

Die binäre Mathematik beruht auf der Idee, dass Zahlen sich auch ausschließlich durch Nullen und Einsen darstellen lassen. Das wusste man schon im alten Ägypten, doch erst Gottfried Wilhelm Leibniz befasste sich ab 1679 erneut damit. George

Boole entwickelte den Ansatz Mitte des 19. Jahrhunderts zu einem vollständigen logischen System, der Boole'schen Algebra. Shannon erkannte, dass man in einem solchen Zweiersystem die »Atome« von Informationen definieren kann: Ja/Nein, Entweder/Oder, An/Aus. In der binären Mathematik sind diese Einheiten 0 oder 1. Damit kann man jede Information als eine Folge dieser Einheiten, von Nullen und Einsen, darstellen. Er nannte sie »binary digits« (Binärzahlen), kurz Bits.

Telefonate wurden damals durch Umsetzung der Schallwellen in einen elektrischen Strom weitergeleitet, dessen Spannung sich im Takt der Wellen ändert. Das kontinuierlich wechselnde Wellensignal heißt heute »analog«. Diese analogen Signale werden durch Weißes Rauschen beeinträchtigt.

Nach Shannons Vorstellung sollte man die Sprache auf einen Strom von Binärzahlen reduzieren – also digitalisieren. Die Schallwellen werden dazu in eine Folge von 0 und 1 umgesetzt – die 0 steht darin für eine niedrige und die 1 für eine hohe Spannung. Diese Folge wird auf der Empfängerseite wieder in Schallwellen umgewandelt.

Auch ein so kodiertes Signal wird unter Rauschen leiden, doch der Unterschied zwischen 0 und 1 ist so ausgeprägt, dass es technisch leichter wird, das Signal herauszufiltern und die ursprüngliche Nachricht zu rekonstruieren. Außerdem lässt sich das Signal mitten in der Übermittlungsstrecke elektronisch vom Rauschen befreien, sodass tatsächlich nur das Digitalsignal ankommt.

Dieses System funktioniert so gut, dass Telefonate heute zum überwiegenden Teil digital übertragen werden. Doch Shannon hatte damit nicht nur ein technisches Problem gelöst, sondern auch eine grundlegende Entdeckung zum Wesen von Informationen gemacht. Indem er gezeigt hatte, dass Informationen sich binär darstellen lassen, begründete er die Informationstheorie, die praktisch für jedes Feld der Naturwissenschaften von Bedeutung ist. Shannons Arbeit war auch wegweisend für die digitale Technologie, die heute der gesamten EDV- und Kommunikationstechnik zugrunde liegt.

IST EIN STRATEGIE-WECHSEL SINNVOLL?

SPIELTHEORIE OHNE REUE

UM 1949

MATHEMATIKER:
John Forbes Nash jun.

ERGEBNIS:
Nash erweiterte die Spieltheorie ausgehend von dem Gedanken, dass die Menschen ihre Entscheidungen nicht bereuen wollen.

Ende der 1940er-Jahre, als die Welt versuchte, sich von den Schrecken des Zweiten Weltkriegs zu erholen, entwickelten amerikanische Mathematiker ein Modell menschlichen Verhaltens. Hierbei wurden Entscheidungen als Teil eines Strategiespiels verstanden, in dem jeder Akteur versucht, das Beste für sich herauszuholen. Mittels der daraus abgeleiteten »Spieltheorie« wollte man menschliches Verhalten mathematisch beschreiben und vorhersehen können.

Der ungarisch-amerikanische Mathematiker John von Neumann hatte diese Idee zusammen mit Oskar Morgenstern entwickelt: Man solle nicht auf Sieg spielen, sondern seinen Verlust minimieren (siehe S. 139). Die beste Strategie sei Schadensbegrenzung, bekannt geworden als »Minimax« (minimierter maximaler Verlust). Sinnvoll ist dies allerdings nur, wenn man keinerlei Informationen über den Gegenspieler besitzt. Die Strategie läuft in einfachen Worten auf Folgendes hinaus: Wenn man im Dunkeln tappt, ist man am besten vorsichtig.

Neue Spielregeln

Wäre»Minimax« jedoch die einzige Strategie, fände die Spieltheorie wohl kaum Anwendung. In den meisten Fällen verfügen Menschen zumindest über einige Anhaltspunkte über ihre Umwelt. Anfang der 1950er-Jahre stellte der US-amerikanische Mathematiker John Nash in einem Beitrag von nur zwei Seiten einen neuen Ansatz vor, der alles grundlegend änderte.

Nashs Ansatz könnte unter dem Motto »Ohne Reue« stehen: Man sollte eine Wahl nicht bedauern müssen. Seine Theorie geht davon aus, dass jeder Spieler eine gewisse Vorstellung davon hat, wie die anderen Akteure vorgehen werden, und dass ein Strategiewechsel nicht sinnvoll ist. Es entsteht eine Patt-Situation, in der keiner mehr gewinnt oder verliert als die anderen, das sogenannte Nash-Gleichgewicht.

Die Grundzüge dieser Theorie hatte Antoine-Augustin Cournot 1838 skizziert, indem er beschrieb, wie ein Fabrikant die Produktionsmenge im Konkurrenzumfeld so festlegt, dass er den größtmöglichen Profit erzielt. Wenn jede Firma die maximale Menge erzeugt, fallen die Preise und somit der Gewinn. Cournots Schlussfolgerung: Unternehmer schätzen ab, wie viel die Konkurrenz herstellt, und richten ihr Produktionsvolumen danach aus. So entsteht eine Art Gleichgewicht.

Ausgleichendes Wohlbefinden

Nash entwickelte den Gedanken Cournots zu einer vielfältig anwendbaren Theorie, etwa auf den »Kampf der Geschlechter«: Bob und Alice möchten zusammen ins Kino gehen. Alice will einen Actionfilm sehen, Bob lieber etwas Lustiges. Was tun? Wenn jeder allein geht, ist keiner der beiden ganz zufrieden (die Spieltheoretiker sprechen von »Nutzen«). Wenn sie jedoch gemeinsam einen Actionfilm oder aber eine Komödie ansehen, profitieren beide, und einer genießt es sogar. Diesen ausgewogenen Nutzen nennt man Nash-Gleichgewicht.

Ein anderes berühmtes Beispiel ist das »Gefangenendilemma« (siehe S. 141). Zwei Verdächtige werden in getrennten Zellen eingesperrt. Wenn beide im Verhör die Aussage verweigern und einander somit decken, reichen die Beweise für jeweils fünf Jahre Haft. Wer gesteht, kommt als Kronzeuge frei, während der andere zu 20 Jahren verurteilt wird. Gestehen beide, gehen sie jeweils für zehn Jahre ins Gefängnis.

Neumanns Minimax-Strategie betrachtet die Situation aus nur einem Blickwinkel, und demzufolge sollten beide gestehen, damit der schlimmste Schaden minimiert wird. Nash dagegen nimmt eine doppelte Perspektive ein und setzt zudem voraus, dass die Gefangenen ahnen, wie der andere sich verhalten wird (vielleicht haben sie sich vorher abgesprochen). Auch in diesem Fall wäre das Ergebnis, dass sie gestehen sollten. Doch gelangt Nash auf anderem Wege zu der Begründung: Sie gestehen, weil keiner der beiden von einem Strategiewechsel – nämlich Schweigen – profitieren würde. Der Nutzen ist ausgewogen, es entsteht ein Nash-Gleichgewicht. Das Entscheidende ist dabei: Wenn die Häftlinge später erfahren, dass der Partner ausgesagt hat, wird keiner sein Verhalten bereuen. Wenn indessen einer der beiden geschwiegen hätte, während der andere ein Geständnis ablegte, müsste er 20 Jahre absitzen und würde bereuen, dass er nicht ebenfalls gestanden hat.

Kriegsspiele

Nashs Theorie fand ein großes Echo in Wirtschaft, Psychologie, Evolutionsbiologie und vielen weiteren Gebieten. Sie schien strategisches Verhalten berechenbar zu machen und war daher bei Ökonomen und beim Militär beliebt. Fast alle Nobelpreisträger für Wirtschaft haben Nashs Ansatz in ihrem Werk berücksichtigt. Auch im Zusammenhang mit dem nuklearen Wettrüsten der 1950er- und 1960er-Jahre spielte die Theorie eine wichtige Rolle.

Einige Mathematiker fragten sich allerdings, wie eine solche Ausgewogenheit entstehen soll, wenn die Spieler nicht wissen, wie sich die übrigen Akteure verhalten werden. Erst kürzlich wurde nachgewiesen, dass ein Nash-Gleichgewicht nur schwer herzustellen ist – es sei denn, die Spieler teilen einander sehr viel über ihre Präferenzen mit. Bei einer großen Anzahl von Spielern kann dies fast unendlich lange dauern.

Wissenschaftliche Versuche zum Gefangenendilemma haben darüber hinaus gezeigt, dass fast niemand nach der Nash-Strategie handelt, sondern Loyalität und Solidarität weit mehr verbreitet sind, als die Spieltheorie annimmt. Auch Ökonomen gehen heute davon aus, dass sich Menschen nicht so verhalten, wie es dieser Ansatz vorhersagt. Auch Nash selbst, der zu der Zeit, als er seine Ideen entwickelte, an Schizophrenie litt, äußerte Zweifel an seiner Theorie, als er 1994 endlich den Nobelpreis erhielt: »Ich begann einige dieser wahnhaften Ideen anzuzweifeln, die charakteristisch für meinen damaligen Zustand waren.« Viele Wirtschaftswissenschaftler sehen Nashs Aufsatz dennoch als einen der großen Würfe des 20. Jahrhunderts an.

7. KAPITEL Das Zeitalter der Informatik: AB 1950

Die mathematischen Grundlagen für die ersten Computer wurden über lange Zeit entwickelt. Doch als die Geräte erst einmal entworfen waren, nahm ihre Leistungsfähigkeit rasant zu. Die Möglichkeiten, die sich für die Wissenschaft daraus ergeben, sind fast grenzenlos. Computer können nicht nur in einem Bruchteil der Zeit, die ein Mensch benötigen würde, komplexe Summen berechnen und Simulationen durchführen. Entwicklungen wie das Internet erlauben auch die Zusammenarbeit von Experten über geografische Grenzen hinweg und das schneller als je zuvor.

Als Berechnungen auf Knopfdruck von einer Maschine durchgeführt werden konnten, wurde insbesondere die reine Mathematik immer abstrakter und stärker auf Konzepte bezogen. Andrew Wiles' Arbeiten zu elliptischen Kurven, die im Zuge seiner Beweisführung zum Großen Fermat'schen Satz entstanden, oder Maryam Mirzakhanis Werk zur Topologie haben sich schon sehr weit von der Mathematik entfernt, die wir aus dem Alltag kennen. Dennoch haben sie uns einige der schönsten und verblüffendsten Erkenntnisse der gesamten Geschichte der Mathematik beschert.

UM 1950

MATHEMATIKER:
Alan Mathison Turing

ERGEBNIS:
Turings Lösung eines Problems der mathematischen Logik war ein wichtiger Schritt hin zur Entwicklung moderner Computer.

KANN EINE MASCHINE JEDE AUFGABE LÖSEN?

DAS ENTSCHEIDUNGSPROBLEM

Während seiner Promotion an der Princeton Universität verfasste der junge britische Mathematiker Alan Turing 1936 seinen Aufsatz »Über berechenbare Zahlen mit einer Anwendung auf das Entscheidungsproblem«. Die Schrift war gerade einmal 36 Seiten lang und befasste sich nur mit mathematischer Logik. Gleichwohl stellt sie einen historischen Wendepunkt dar und markiert den Beginn des modernen Computerzeitalters.

Das Entscheidungsproblem wurde 1928 von David Hilbert und Wilhelm Ackermann formuliert. Es bestand darin, einen Algorithmus zu finden, durch den entscheidbar wird, ob eine gegebene Aussage mit den grundlegenden Axiomen und den Regeln der Logik zu beweisen ist. Turings Lösung war ein Geniestreich. Es war nicht sein Ziel, einen Computer zu entwickeln. Er betrieb nur Mathematik, doch damit schuf er die Grundlagen, die Computer überhaupt ermöglichten.

Menschliche Rechner

Um das Entscheidungsproblem zu lösen, besann sich Turing auf die Grundlagen: Wie geht ein Mathematiker vor, wenn er eine Aufgabe löst? Zu Turings Zeit waren »Computer« (Rechner) Menschen, die alles Mögliche berechneten, von Steuerbeträgen bis hin zu astronomischen Tabellen. Doch worin bestand ihre eigentliche Tätigkeit? Offenbar brauchten sie nur einen Satz Regeln. Das menschliche Gehirn zeichnet sich durch Intelligenz und Denkvermögen aus, doch um zu rechnen, werden lediglich Anweisungen benötigt. Das Rechnen ließ sich also auf einen mechanischen Prozess reduzieren, der keine weitere Verstandestätigkeit erfordert.

Eigentlich gibt es nur zwei Aspekte der Berechnung: die Eingabe von Daten und eine Anleitung, was zu tun ist. Einen solch einfachen Prozess müsste auch eine Maschine ausführen können, folgerte Turing. Die Herausforderung bestand darin, Daten und Anweisungen in der richtigen Form für die Maschine bereitzustellen.

Maschinensprache

Turing war sich allerdings darüber im Klaren, dass eine Maschine nichts »verstehen« kann, sondern nur auf Befehle reagiert. Diese müssen so einfach wie möglich formuliert sein: Los/Stopp, An/Aus. Mit den Nullen und Einsen der binären Logik lässt sich ein Code erstellen, der alle notwendigen Vorgaben in genau dieser Weise formuliert.

Was ihm vorschwebte, war eine mathematische Maschine, die durch Anweisungen in Form einer Folge von 0 oder 1 in Feldern auf einem langen Papierstreifen gesteuert wird. Wenn dieser durch die Maschine läuft, liest sie den Code und reagiert darauf: Sie kann ein Symbol ignorieren, etwas schreiben, das Band in die eine oder andere Richtung bewegen oder aber in einen neuen Zustand wechseln. So könnte man die Maschine Schritt für Schritt mit detaillierten Anweisungen füttern, also dem Algorithmus, der zur Lösung einer Aufgabe benötigt wird – heute nennen wir das ein Programm.

Ein hypothetischer Computer

Turing hatte keinen realen mechanischen Computer vor Augen, als er seine hypothetische Maschine entwarf. Diese war für ihn eine Möglichkeit, das Entscheidungsproblem zu bearbeiten, das sich damit auf die Frage reduzierte: Kann es, zumindest prinzipiell, eine Methode geben, mithilfe derer sich alle mathematischen Fragen entscheiden lassen?

Turing versuchte theoretisch einen mechanischen Prozess zu entwickeln, der das leistet, denn damit wäre dieses Problem gelöst. Die Schönheit seines Konzepts liegt darin, dass die Maschine auch etwas Neues tun kann – man muss ihr nur entsprechende Anweisungen geben, einen weiteren Abschnitt auf dem Band, ein neues Band. Selbstverständlich war es theoretisch möglich, Anweisungen für alles Mögliche zu formulieren. Weiter gedacht führt dies zu der sogenannten Universellen Turingmaschine. Dazu heißt es in Turings berümtem Aufsatz:

»Obwohl das Thema dieser Arbeit nur berechenbare Zahlen sind, kann man fast ebenso einfach berechenbare Funktionen über einer integralen Variablen oder einer reellen oder einer berechenbaren Variablen, berechenbaren Aussagen und so fort definieren.«

Mit anderen Worten: Gibt man der Maschine eine mathematische Aufgabe, wird sie diese auch lösen.

Offen für alle Möglichkeiten

Komplexe Aufgaben erfordern sehr lange Anweisungen mit komplexer Programmierung. Mit dem richtigen Programm jedoch ist die Maschine universell einsetzbar. Darin besteht eine grundlegende Erkenntnis über das Wesen von Information, welche letztlich die Grundlage des Siegeszugs des elektronischen Computers war. Jedes nur denkbare elektronische Gerät vom Handy bis zum iPod ist ein Computer mit unterschiedlichen Anweisungen und jeweils anderen Ausgaben. Software, Apps, Programme sind im Wesentlichen nichts anderes als die lange Folge von Nullen und Einsen auf Turings Band.

Nach den Ideen Turings wurde auch einer der ersten mechanischen Computer gebaut, der dazu diente, den Code der Verschlüsselungsmaschine Enigma zu entziffern. Diesen als vollkommen sicher angesehenen Code nutzte das deutsche Militär während des Zweiten Weltkriegs zur Verschlüsselung sämtlicher Funksprüche. 1941 gelang es, den Code zu entschlüsseln, sodass die Briten etliche geheime Nachrichten lesen konnten. Einige Historiker vermuten, dass die Alliierten damit den Krieg zwei Jahre früher beenden konnten, als es ohne die Entschlüsselung möglich gewesen wäre, und damit Millionen Menschenleben gerettet wurden. Verantwortlich dafür war die Turingmaschine.

WIE LÖST EIN SCHMETTERLING EINEN TORNADO AUS?

DIE MATHEMATIK DES UNVORHERSEHBAREN

1963

MATHEMATIKER:
Edward Norton Lorenz

ERGEBNIS:
Eine kleine Änderung in einem komplexen System kann erhebliche Auswirkungen haben.

1972 hielt der amerikanische Meteorologe Edward Lorenz einen Vortrag mit dem Titel »Kann der Flügelschlag eines Schmetterlings in Brasilien einen Tornado in Texas auslösen?« Die Fragestellung sollte eigentlich nur seine These illustrieren, dass ein scheinbar unbedeutendes Ereignis unermessliche Folgen haben kann. Doch das Konzept »Schmetterlingseffekt« wurde populärer, als Lorenz es sich hätte träumen lassen, und ist seither in unzähligen Zusammenhängen aufgetaucht. In gewisser Weise ist es zu einem Bild seiner selbst geworden: eine kleine Idee, die eine enorme Welle der Begeisterung auslöste.

Der falsch verstandene Schmetterling

Dass eine kleine Veränderung gewaltige Auswirkungen haben kann, ist eine bestechende Idee. Damit verfügt jeder Einzelne scheinbar über Superkräfte. In dem Roman *Der Anschlag* von Stephen King unternimmt ein junger Mann eine Zeitreise und versucht, das Attentat auf US-Präsident John F. Kennedy im Jahr 1963 zu verhindern. Doch als er in die Gegenwart zurückkehrt, hat ein Atomkrieg die Erde fast vollständig zerstört. Entsetzt reist er erneut in die Vergangenheit und lässt den tödlichen Anschlag doch geschehen.

Doch bei Lorenz' These geht es nicht um übermenschliche Kräfte. Sie besagt nicht, dass kleine Ursachen in ihrer Auswirkung wie durch Hebeleffekte verstärkt werden, sondern dass unauffällige Ereignisse in einem komplexen System einen winzigen oder aber einen gewaltigen Effekt haben können – dass es jedoch unmöglich ist vorherzusagen, welches der Fall sein wird.

Ursachen und Wirkungen

Der Gedanke kam Lorenz, als er in den 1960er-Jahren mit hilfe von Computermodellen Wettervorhersagen errechnete. Einmal rundete er den Wert für eine Anfangsbedingung von 0,506127 auf 0,506 ab – eine scheinbar geringfügige Änderung. Doch es kam ein völlig anderes Ergebnis zustande.

Im Lauf der Zeit entwickelte Lorenz die These, dass Systeme von der Komplexität des Wetters so empfindlich auf die Ausgangsbedingungen reagieren können, dass winzige Unterschiede enorm folgenreich sind. Er beschrieb ein solches unvorhersehbares System als chaotisch, und so wurde seine Idee als Chaostheorie bezeichnet. Er drückte es allerdings wissenschaftlich differenzierter aus:

»Angesichts der Unmöglichkeit, Anfangsbedingungen exakt zu messen und so zwischen einer zentralen und einer nahe gelegenen, nichtzentralen Trajektorie zu unterscheiden, sind alle nichtperiodischen Trajektorien unter dem Gesichtspunkt der Vorhersagbarkeit gewissermaßen instabil.«

Diese Aussage klingt nicht annähernd so weltbewegend, wie sie tatsächlich ist. Das Universum ist ein unvorstellbar komplexes System. Seit Newton die Bewegungsgesetze formulierte hatte, ging die Wissenschaft davon aus, dass es sich zumindest deterministisch (vorhersehbar) verhält. Es besteht ein einfacher Zusammenhang zwischen Ursache und Wirkung, auch wenn man ihn nicht immer erkennen mag. Den Newton'schen Gesetzen zufolge geschieht etwas, weil etwas anderes geschehen ist. Damit ist letztlich die Zukunft des Universums mechanisch vorbestimmt, bis hin zur Bewegung der Atome. Vergangene Ereignisse legen die Zukunft fest.

Die Idee der Berechenbarkeit

Naturforscher und Mathematiker waren überzeugt, mit den richtigen Gesetzen, Gleichungen und Daten lasse sich alles genauestens vorhersagen. Im 18. Jahrhundert meinte Pierre-Simon Laplace, die Unvorhersehbarkeit habe keinen Platz im Universum: Wenn wir alle physikalischen Naturgesetze kennen, dann »würde nichts ungewiss sein, und Zukunft wie Vergangenheit würden [...] offen vor Augen liegen.«

Selbst die statistischen Methoden des Wiener Physikers Ludwig Boltzmann oder die Quantenmechanik konnten diesen Glauben nicht erschüttern. Doch an der Wende zum 20. Jahrhundert sah sich Henri Poincaré (siehe S. 124) bei der Berechnung von Planetenbahnen damit konfrontiert, dass minimale Abweichungen in den Ausgangsbedingungen jeweils zu völlig anderen Ergebnissen führten. Poincaré kam zu dem Schluss, dass der Einfluss des Zufalls bis dahin vernachlässigt worden sei. Er zog die Vorstellung eines deterministischen Universums nicht in Zweifel, hielt aber fest, dass Abweichungen – so klein, dass sie sich als Zufall beschreiben lassen – nachhaltige Auswirkungen haben können.

Lorenz ging einen Schritt weiter. Auch er bestritt das Prinzip von Ursache und Wirkung nicht, doch seiner Auffassung nach ist der Einfluss eines kleinen Unterschieds in einigen komplexen natürlichen Systemen so wenig vorhersehbar, dass das Konzept des Determinismus bedeutungslos wird. Es ist unmöglich, einen linearen Zusammenhang zwischen Anfangswert und Ergebnis herzustellen. Die linearen Zusammenhänge der Newton'schen Mechanik können dies nicht leisten.

Vorhersagen

Es gibt also keine Möglichkeit für Meteorologen, das Wetter exakt vorherzusagen, wie gut ihre Daten oder Gleichungen auch sein mögen. Lorenz versuchte dennoch, näherungsweise die wahrscheinlichste Vorhersage zu machen, indem er leicht unterschiedliche Anfangsbedingungen für meteorologische Simulationen verwendete. Daraus entwickelte sich die »Ensemble-Vorhersage« mit Wahrscheinlichkeitskombinationen, um Vorhersagen für die nähere Zukunft zu treffen.

Die Chaostheorie faszinierte die breite Öffentlichkeit durch die Vorstellung, das Universum sei ein schreckliches Durcheinander wie die Ursuppe. Für die Wissenschaft hingegen hat sie sich als recht nützlich erwiesen. Das Verhalten komplexer Systeme von der Evolution bis zur Robotik versteht man besser, wenn man nicht lineare Zusammenhänge sucht, sondern übergeordnete Muster.

1974

MATHEMATIKER:
Roger Penrose und
M. C. Escher

ERGEBNIS:
Es gibt mathematische »Parkettierungen«, deren Muster sich niemals wiederholt.

WELCHES MUSTER ERGEBEN PFEILE UND DRACHEN?

PENROSES »UNMÖGLICHE FIGUREN«

In islamischen Kulturen sind Gebäude oft mit Kacheln mit ebenso schönen wie komplizierten Mustern verziert. Für Mathematiker sind die sogenannten Parkettierungen oder Kachelungen besonders fesselnd, weil sie interessante Fragen aufwerfen. Manchmal wird sogar argumentiert, die islamischen Kachelmuster seien in Wahrheit Algorithmen.

Seit einem halben Jahrhundert beschäftigt sich die Mathematik damit, wie Parkettierungen aufgebaut sind und wie Figuren und Formen im größeren Maßstab zusammenpassen. Eine vergleichbare Faszination hatten zuvor zahlentheoretische Muster ausgeübt: War es möglich, dass regelmäßige Kachelungen existieren, die sich niemals wiederholen, sogenannte aperiodische Parkettierungen?

Das Problem mit den Fünfern

In einem periodischen Parkett kehrt dasselbe Muster immer wieder. Die Kacheln im Badezimmer sind ein Beispiel dafür: Man weiß ohne hinzuschauen, wie es sich unter der Badematte fortsetzt. Auch Dreiecke fügen sich zu einem periodischen Muster zusammen, ebenso Sechsecke. Mathematiker sprechen von Translationssymmetrie: In welche Richtung man sich auch bewegt, das Muster bleibt immer gleich. Doch fünfeckige Flächen bilden keine solche Parkettierung – wenn man sie zusammenfügt, bleiben dazwischen stets Lücken.

Johannes Kepler hatte 1619 bewiesen, wie diese Lücken mit fünfzackigen Sternen gefüllt werden können. Als sich der britische Mathematiker Roger Penrose in den 1950er-Jahren erstmals mit Parkettierungen befasste, ließ er sich von Keplers

Werk inspirieren. Doch er interessierte sich nicht nur für Fünfecke, sondern auch für Symmetriebrüche und aperiodische Parkettierungen.

Der Künstler des Unmöglichen

Auch der niederländische Grafiker M. C. Escher, berühmt für seine »unmöglichen« Bilder, interessierte sich für Parkettierungen. In den 1950er-Jahren fertigte er zwei Drucke, *Mosaik 1* und *Mosaik 2*, eines aperiodischen Parketts aus ineinander verschränkten Tierformen an. Um es über den Bildrand hinaus fortzuführen, müsste man immer neue Formen erfinden.

Zu dieser Zeit kannten sich Penrose und Escher bereits und hatten über Parkettierungen korrespondiert. 1962 schenkte Penrose dem Künstler ein kleines Holzpuzzle mit identischen geometrischen Teilen. Zu Eschers Erstaunen ließen sich die Formen nur auf eine einzige Art zusammenfügen – entgegen seinen zahlreichen anderen Mosaiken, die aus gleichen Teilen bestanden und unendlich wiederholbar (periodisch) waren.

Daraufhin befasste sich Escher mit aperiodischen Parkettierungen. 1971 erschien sein Mosaik mit ineinandergreifenden kleinen Gespenstern, das als einziges seiner Grafiken ein regelmäßiges, aber nicht wiederholbares Muster aufweist.

Pfeile und Drachen

Mittlerweile befasste sich auch Penrose mit aperiodischen Mustern auf Grundlage von Fünfecken. Er entwickelte drei verschiedene Kachelsätze: Der erste Satz enthält ein regelmäßiges Fünfeck, einen fünfzackigen Stern, ein »Boot« (3/5 eines Sterns) und eine lange Raute. Der dritte Satz besteht nur aus Rauten, einer dünnen und einer dicken. Der bemerkenswerteste ist der zweite Satz von 1974, der Penrose bleibenden Ruhm eintrug. Er besteht aus zwei verschiedenen Vierecken, auch Pfeil und Drachen genannt.

Bei einer Penrose-Parkettierung gibt es Regeln für die Zusammenfügung der Kacheln. Die Grundregel bei Drachen und Pfeil ist, den Drachen nie so in den inneren Knick des Pfeils zu setzen, dass ein Parallelogramm entsteht. Im Zusammenspiel

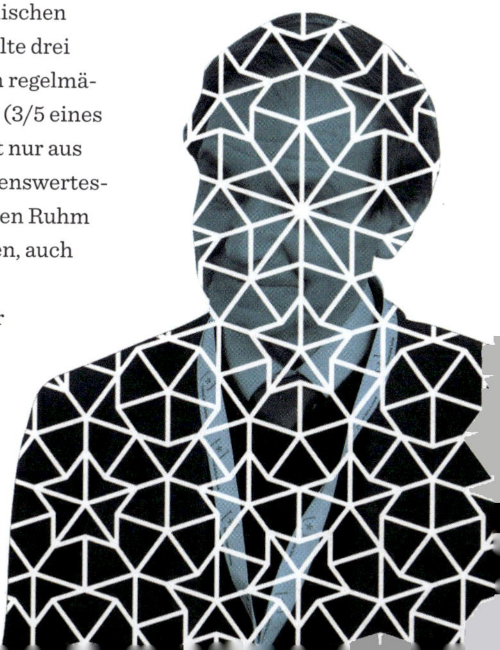

dieser beiden einfachen Formen entsteht etwas Erstaunliches. Zuvor hatte man angenommen, man bräuchte Tausende verschiedene Formen für ein aperiodisches Muster. In Wirklichkeit genügten diese beiden. 1984 erbrachte Penrose den Beweis, dass man sie auf unendlich viele Arten anordnen kann, ohne dass sie sich je wiederholen.

Die »Quasikristalle«

Bis dahin galt die Annahme, dass fünfzählige Symmetrien in der Natur nicht vorkommen. Doch nachdem Penrose seine fünfzählig aussehenden Parkettierungen vorgestellt hatte, entdeckten Forscher auch in der Natur Beispiele, und zwar nicht nur in der Fläche, sondern auch in drei Dimensionen.

1982 untersuchte der israelische Chemiker Dan Shechtman einen Kristall und entdeckte eine fünfzählige Struktur. Für diesen »Fehler« verspottete ihn die Wissenschaft. Wenn sich Kristalle in dieser Form bilden konnten, dann stand das gesamte Verständnis der Kristalle infrage. Doch Shechtman hatte recht. Er hatte eine neue Art von Kristallen gefunden, den sogenannten Quasikristall.

Seither wurden zahlreiche Quasikristalle entdeckt, 2011 erhielt Shechtman den Chemie-Nobelpreis. Manche meinten, Penrose hätte einen Anteil an diesem Preis verdient, denn ohne seine außerordentliche Entdeckung wären Quasikristalle wohl niemals erkannt worden.

In Helsinki ist ein Teil der Fußgängerzone mit einem Penrose-Parkett aus Pfeilen und Drachen belegt worden, und das sieht überraschend angenehm aus.

Penrose-Parkett aus Rauten

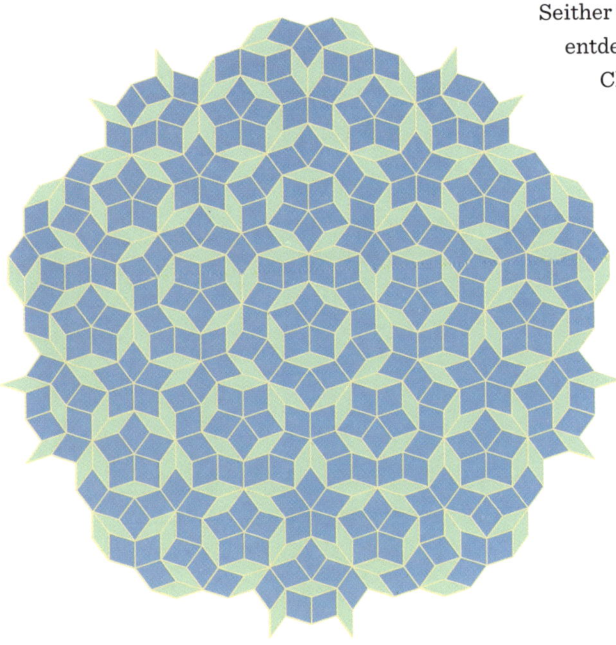

HATTE FERMAT EINEN BEWEIS?

DIE FERMAT'SCHE VERMUTUNG

1994

MATHEMATIKER:
Andrew Wiles

ERGEBNIS:
Ein jahrhundertealtes Rätsel wird mit modernsten Methoden der Zahlentheorie gelöst.

1637 studierte Pierre de Fermat die *Arithmetica* des Griechen Diophantos, verfasst um 250 n. Chr. (siehe S. 46). Dies war ein Klassiker der Zahlentheorie, ein Forschungsschwerpunkt von Fermat. Eine Seite faszinierte Fermat besonders. Hier widmete sich Diophantos der durch Pythagoras bekannt gewordenen Gleichung zu den Quadraten über den Seiten eines rechtwinkligen Dreiecks: $x^2 + y^2 = z^2$ wie $3^2 + 4^2 = 5^2$. Diophantos forderte die Leser auf, weitere Gleichungen dieser Form zu suchen.

Für Fermat war dies schon altbekannt und eine leichte Übung. In den Randnotizen, die sein Exemplar der *Arithmetica* schmücken, stellte er ähnliche Gleichungen mit Potenzen größer als zwei auf, beginnend mit den Kubikzahlen $x^3 + y^3 = z^3$. Doch er glaubte, es gebe keine ganzzahlige Lösung zu Gleichungen der Form $x^n + y^n = z^n$ für beliebige n größer als 2. Eine erstaunliche Behauptung. Und dann schrieb er: »Ich habe hierfür einen wahrhaft wunderbaren Beweis entdeckt, doch ist dieser Rand hier zu schmal, um ihn zu fassen.« Mehr notierte er nicht dazu.

Die Suche nach dem Heiligen Gral

Generationen von Mathematikern quälte diese Randnotiz – sie wussten sozusagen, dass dort ein Schatz zu heben war, besaßen aber keine Schatzkarte. Andere seiner Bemerkungen in dem Buch ließen sich mit der Zeit beweisen. Nur diese widerstand allen Bemühungen und wurde berühmt als die »Fermat'sche Vermutung«. Ihr Beweis (oder aber ihre Widerlegung) galt als der Heilige Gral der Zahlentheorie, und die – letztlich immer vergebliche – Jagd danach führte auch zu wichtigen Fortschritten auf diesem Gebiet.

Einer dramatischen Geschichte zufolge – vielleicht ist sie sogar wahr –, plante der wohlhabende Darmstädter Mediziner

und Mathematiker Paul Wolfskehl, sich um Punkt Mitternacht zu erschießen. Doch zuvor ging er noch in seine Bibliothek und blätterte in einer Arbeit von Ernst Kummer über die Fermat'sche Vermutung. Dabei stieß er auf einen Fehler und begann selbst so eifrig an der Lösung zu arbeiten, dass er seinen Termin mit dem Tod verpasste. Ob es nun wahr ist oder nicht – bevor er 1906 starb, verfügte er die Auszahlung von 100 000 Goldmark (damals 36,8 kg Gold) an die Person, die den Beweis für die Fermat'sche Vermutung erbringen würde.

Ein kleiner Junge macht sich auf den Weg

Doch trotz des Anreizes gelang es niemandem, das Rätsel zu lösen. 1963 las der damals zehnjährige Andrew Wiles in einem Buch des Mathematikers Eric Temple Bell davon: Dort hieß es, eher würde die Menschheit durch einen Atomkrieg ausgelöscht, als dass jemand die Fermat'sche Vermutung bewiese. Der mathematisch begabte Andrew war entschlossen, diese Prophezeiung zu widerlegen.

Es kostete Wiles 30 Jahre, doch 1993 erreichte er sein Ziel. Sein Beweis beruhte auf einer Vermutung der japanischen Mathematiker Yutaka Taniyama und Goro Shimura aus den 1950er-Jahren. Sie hatten eine Verbindung zwischen elliptischen Kurven, die bei kubischen Gleichungen auftreten, und modularen Formen (Funktionen wie Sinus und Kosinus) entdeckt. Auch diese Vermutung konnte lange niemand beweisen, und auch sie inspirierte etliche andere Arbeiten.

Ein abgelenkter Schuss trifft

Im Jahr 1986 – Wiles war mittlerweile Professor für Mathematik an der Universität in Princeton – stellte sein Kollege Ken Ribet eine bemerkenswerte Verbindung zwischen der Taniyama-Shimura-Vermutung und der Fermat'schen Vermutung her. Aufbauend auf Ergebnissen des deutschen Mathematikers Gerhard Frey konstruierte Ribet eine elliptische Kurve auf Basis einer hypothetischen »Lösung« der Gleichung von Fermat, die Taniyama und Shimura widersprechen würde. Sollte sich diese als korrekt herausstellen, lägen Fermat (und Taniyama-Shimura) falsch. Doch ein Beweis der Taniyama-Shimura-Vermutung würde im Wesentlichen auch Fermat beweisen.

Wiles, der seine Suche nach einem Fermat-Beweis schon aufgegeben hatte, war elektrisiert. Auch er hatte über elliptische Kurven gearbeitet und sah nun einen Weg zu seinem Ziel. Er konzentrierte sich auf eine bestimmte Unterklasse elliptischer Funktionen. Konnte er zeigen, dass sie in einer beliebigen Anzahl von Fällen modular waren, dann wäre es ihm möglich, die Verbindung zwischen Taniyama-Shimura und Fermat darzustellen und so den letzten Beweis zu finden.

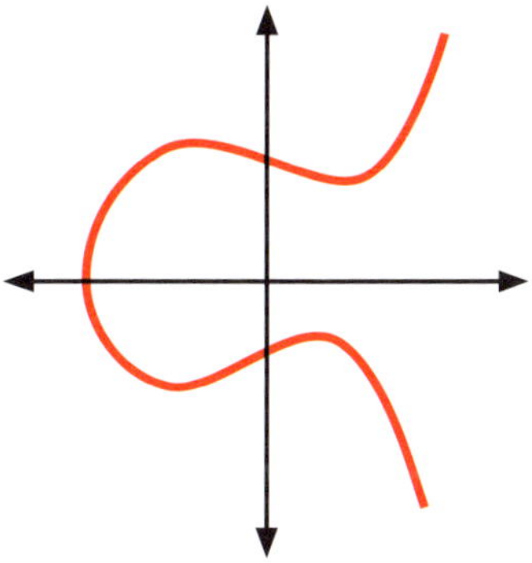

Elliptische Kurve

Selbst für diesen kleinen Schritt musste Wiles neue Methoden entwickeln. Doch nach sieben Jahren gelang ihm der Durchbruch. Auf einer Tagung in seiner Heimatstadt Cambridge stellte er am 23. Juni 1993 den Beweis vor. Das Publikum war gebannt. Zum Abschluss ließ er die Bombe platzen: »Und damit ist die Fermat'sche Vermutung bewiesen.« Lächelnd fügte er hinzu: »Ich glaube, dabei sollten wir es belassen.«

Die Schwachstelle

Die Medien feierten das Genie, doch bevor Wiles seinen umfangreichen und sehr komplizierten Beweis in Druck geben konnte, wurde er auf eine Schwachstelle hingewiesen: Um zu zeigen, dass sein Ansatz für eine beliebige Anzahl von Fällen galt, hätte er zeigen müssen, dass ein bewiesener Fall unausweichlich zum nächsten Fall führte, so wie ein Dominoeffekt. Wiles war am Boden zerstört. Er hatte den Fermat'schen Dämon noch immer nicht besiegt und auch noch öffentlich behauptet, es wäre ihm gelungen.

Mit seinem Schüler Richard Taylor machte er sich daran, den Fehler zu beheben. Am 19. September 1994 hatte Wiles den erlösenden Gedanken: Was, wenn diese Schwachstelle gar kein Fehler war, sondern den Weg zum Beweis aufzeigte? Wie sich rasch herausstellte, war genau dies der Fall, und Wiles konnte seine Arbeit endlich abschließen. Über drei Jahre wurde sein Ansatz eingehend geprüft. Dann, am 27. Juni 1997, überreichte die Akademie der Wissenschaften zu Göttingen Wiles den Wolfskehl-Preis in Höhe von inzwischen rund 75 000 D-Mark.

2014

MATHEMATIKERIN:
Maryam Mirzakhani

ERGEBNIS:
Mirzakhanis preisgekröntes Werk brachte bahnbrechende Erkenntnisse zu gekrümmten Flächen.

WIE WERDEN DIE DINGE KRUMM?

DIE DYNAMIK DER RIEMANN'SCHEN FLÄCHEN

Die jung verstorbene Maryam Mirzakhani war 2014 nicht nur die erste Frau, die mit der Fields-Medaille ausgezeichnet wurde – gewissermaßen der »Nobelpreis« der Mathematik. Sie war auch die erste Person aus dem Iran, die sie erhielt. Die Nachricht von ihrem frühen Krebstod im Jahr 2017 erschütterte die mathematische Gemeinde weltweit.

Mirzakhani befasste sich mit rein hypothetischen Fragen und Problemen. Ihre Arbeit hat keinen unmittelbaren praktischen Nutzen, ist aber theoretisch von Bedeutung: Ihre kreativen Ansätze zur Verbindung diverser Teilgebiete der Disziplin forderten die Vorstellungskraft heraus und bildeten die Grundlage für weitere Forschungen in der Physik und Mathematik.

Gekrümmte Flächen

Mirzakhanis Interesse galt vor allem der Geometrie, speziell komplex gekrümmten Flächen. Visualisierungen solcher Flächen sehen auf dem Computerbildschirm oft aus wie Kugeln, Reitsättel oder Donuts. Doch sie können auch weit komplexer sein und sich im Raum in alle möglichen Richtungen ausbreiten. In den Grafiken werden sie oft bunt und mit einem Gitternetz überspannt dargestellt. Sowohl die Farben als auch die Gitter verweisen darauf, worum es sich bei diesen Formen tatsächlich handelt: um die Graphen komplizierter mathematischer Funktionen. Die Gitterpunkte sind wie die Koordinaten bei den konventionellen Graphen, die Farben zeigen Änderungen von Funktionswerten an.

Riemanns Projektionen

Die Idee zu solchen Flächen stammt von dem deutschen Mathematiker Bernhard Riemann, der damit im 19. Jahrhundert komplexe Probleme der Analysis geometrisch behandeln wollte. Er kannte noch keine bunten Computervisualisierungen, doch der Grundgedanke ist derselbe. Diese imaginären Flächen bilden komplexe und imaginäre Zahlen und Funktionen zusammen mit reellen Zahlen ab.

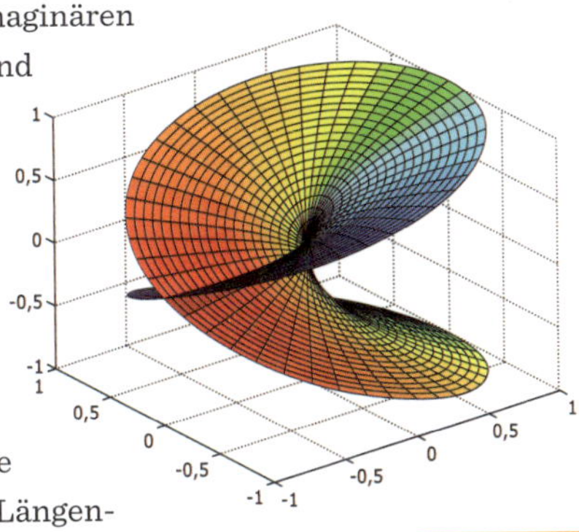

Riemann'sche Fläche zu der Funktion $f(z) = \sqrt{z}$

Man kann die Flächen in gewisser Weise wie umgekehrte Kartenprojektionen auffassen. In der Tat stammen einige der grundlegenden geometrischen Ideen von dem Kartografen Gerhard Mercator, der im 16. Jahrhundert erstmals versuchte, die Kugelfläche der Erde exakt auf eine Fläche zu »projizieren«. Entscheidend für die Mercator-Projektion war, dass sie die gebogenen Längen- und Breitenkreise in ein rechtwinkliges Gitter auf der Karte überführte. Riemann'sche Flächen sind insofern »umgekehrte Projektionen«, als sie die Werte der Ebene der komplexen Zahlen auf Kurven im Raum übertragen. Riemann entwickelte die nach ihm benannten Flächen, um Ideen von Gauß über sogenannte Geodäten – die kürzesten Verbindungen zwischen zwei Punkten auf einer gekrümmten Fläche – und Krümmungen weiterzuentwickeln. Riemann wollte mehrdimensionale Räume schaffen, in denen sich mehrere Variablen gleichzeitig darstellen lassen. Je mehr Variablen es gibt, desto mehr Dimensionen existieren. Damit schuf Riemann die Grundlagen für die moderne Differenzialgeometrie mit ihrer Vorstellung einer mehrdimensionalen Mannigfaltigkeit (Fläche) und einer durch eine sogenannte Metrik definierten Entfernung.

Mathematische Bilder

Mirzakhani untersuchte diese mathematischen Flächen und konnte mit ihnen auf atemberaubende Weise spielen. Ihre große Stärke lag darin, dass sie für ein kompliziertes mathematisches Problem mithilfe der Riemann'schen Flächen und Moduli eine neue fantasievolle Lösung entwickeln konnte. Mirzakhani saß dazu meist auf dem Boden und skizzierte ihre Ideen auf riesigen Papierbögen.

So entwickelte Mirzakhani neue Verfahren zum Auffinden von Geodäten und untersuchte die Dynamik, die entsteht, wenn sich Teilchen über verschiedene gekrümmte Flächen bewegen – vergleichbar mit einer Billardkugel, die eine Bob Eisbahn, einen Sattel oder einen Donut (»Torus«) hinabrollt. Sie untersuchte, wie sich eine Billardkugel über einen polygonalen Tisch bewegen würde, woraus sich beispielsweise Erkenntnisse zum Verhalten von Gasen gewinnen ließen.

Geodäten auf hyperbolischen Flächen

Eine der großen Leistungen Mirzakhanis war ihre Untersuchung geodätischer Linien auf einer hyperbolischen (sattelförmigen) Fläche. Es war bereits bekannt, dass die mögliche Gesamtanzahl der Geodäten exponentiell zunimmt, wenn die Fläche länger wird. Doch Mirzakhani fand heraus, dass die Anzahl nur polynomisch, also viel langsamer wächst, sobald man sich überschneidende Geodäten ausschließt. Unter dieser Voraussetzung gelang es ihr, Formeln für komplexe Berechnungen mit polynomischen Koeffizienten zu entwickeln. Der amerikanische Physiker Edward Witten brachte die von ihm vorgestellte Stringtheorie mithilfe dieser Formeln einen großen Schritt weiter.

Mirzakhanis Arbeit hat die Mathematik in vielen Bereichen stark beeinflusst, und es könnten sich aus ihren Theorien Fortschritte im Maschinenbau, in der Kryptografie und der theoretischen Physik ergeben – und nicht zuletzt bei den Untersuchungen zur Entstehung des Universums.

WAS IST EIN SCUTOID?

DIE ENTDECKUNG EINER NEUEN FORM

2018

MATHEMATIKER:
Pedro Gómez-Gálvez u. a.

ERGEBNIS:
Bei der Untersuchung von Hautzellen entdeckten Forscher, dass sie sich in einer bis dahin unbekannten Form bilden.

Im Jahr 2018 sorgte eine sensationelle wissenschaftliche Nachricht für Schlagzeilen: »Forscher haben eine neue Körperform gefunden!« Vorausgegangen war ein Artikel in der Fachzeitschrift *Nature Communications* von einem Team spanischer Mathematiker und Biologen unter Leitung von Pedro Gómez-Gálvez. Die Biologen untersuchten die dreidimensionale Struktur von Hautzellen, den Epithelien. Dabei stellte sich heraus, dass die Form dieser Zellen anders aussah als erwartet: Man war davon ausgegangen, es wären Prismen, also sechsseitige Säulen, etwa wie ein Bleistift ohne die Spitze. Zellen mit dieser Form würden eng zusammenwachsen und eine feste, wasserdichte Hülle bilden.

Natürlich muss diese Hülle zugleich biegsam sein, damit sie sich um alle Gelenke und Knochen legen kann. Die Biologen hatten angenommen, die Prismen würden sich dazu an einer Seite etwas verjüngen, sodass die Zellen dort etwas dichter beieinanderliegen als an der anderen Seite, ähnlich wie die Bausteine eines Bogengewölbes. Ein solches auf einer Seite zusammengedrücktes Prisma nennt man Pyramidenstumpf. Diese Annahme schien vollkommen plausibel, schließlich sind auch Bienenwaben so aufgebaut.

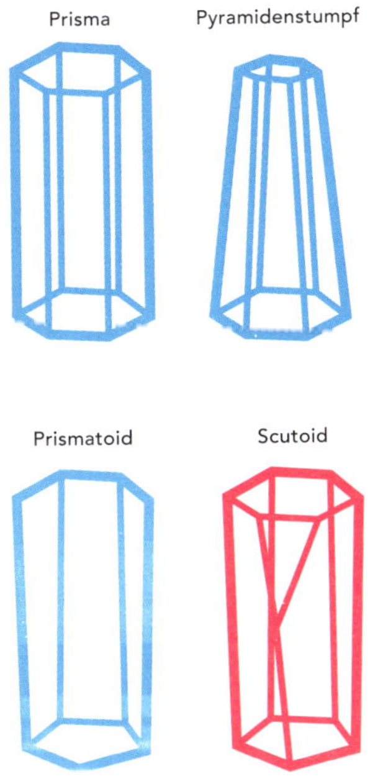

Seltsame Flächen

Aber als die Forscher das Wachstum der Epithelien in Fruchtfliegenembryos untersuchten, bemerkten sie, dass eine Seite der Zellen an bestimmten Ecken schrumpfte und dass sie ihre Nachbarzellen auf andere Weise berührten. Diesen Effekt konnten sie mit Prismen nicht erklären, und so zogen sie einige Mathematiker zurate, die sich mit dreidimensionalen Parkettierungen (»dichte Packungen« in der Kristallografie) beschäftigten. Sicherlich würde es ihnen gelingen, eine Erklärung zu finden. Doch diese Aufgabe war schwieriger als gedacht. Keine der bekannten Formen entsprach jener der beobachteten Zellen. Anhand von Computermodellen, die sie erstellten, wurde deutlich, dass die Stümpfe nur funktionieren würden, wenn die Hautfläche in alle Richtungen gleich gekrümmt wäre. Doch wenn die Epithelien wachsen, biegen und drehen sie sich in die verschiedensten Formen. Dadurch berühren die Zellen innen und außen verschiedene Nachbarzellen, nicht immer dieselben, wie das bei prismenförmigen Zellen der Fall wäre. Sie berühren sich entlang der Flächen und Kanten, doch um diese Begrenzungen aufzubauen und zu erhalten, benötigen sie Energie, und zwar umso mehr, je größer die Kontaktflächen sind. Also müssen die Kontaktflächen so klein wie möglich sein.

Die Y-förmige Seite

Im Modell zeigte sich, dass es für die Zelle am günstigsten ist, wenn sich eine Seite des Prismas oben in ein Dreieck aufspaltet: Die Kante dort ist dann nicht eine vertikale Linie, sondern hat einen Y-förmigen Verlauf. Eine ähnliche Form entsteht, wenn man den Bleistift diagonal abschneidet.

Das Schöne an dieser Form ist, dass sie nicht nur oben und unten eine unterschiedliche Anzahl von Ecken aufweist, sondern dass sie sich aufgrund der dreieckigen Seite in vielen verschiedenen Orientierungen dicht aneinanderfügen kann. Sie eignet sich großartig für dichte Packungen der Kristalle zur Minimierung der Energie.

Für die Mathematiker, die eine solche Form nicht kannten, war es eine interessante Entdeckung. Wenn die Natur Zellen tatsächlich auf die gleiche Weise zusammenfügt wie Kristalle in Festkörpern, muss es sich um eine wichtige Form handeln, die wahrscheinlich über spannende Eigenschaften verfügt.

Der Käfer

Weil die Form an den Rückenschild von Käfern erinnert, leiteten die Forscher ihren Namen vom lateinischen Wort *scutum* (Schild) ab: Sie heißt »Scutoid«. Andere vermuteten, die Bezeichnung sei eine Anspielung auf ein Teammitglied namens Luis M. Escudero. Nun galt es herauszufinden, wo in der Natur diese rein mathematisch-theoretische Form noch vorkommt.

Tatsächlich fanden die Forscher diese Form beim Blick in die Mikroskope immer wieder. Sie mussten sie schon unzählige Male gesehen haben, ohne sie zu erkennen. Der Scutoid tauchte auf, wenn einzelne Epithelien sich teilten, vereinigten, krümmten und falteten, etwa um Speicheldrüsen oder Eierkammern zu bilden.

Auf der Suche nach dem Scutoid

Die Jagd nach dem Scutoid hat gerade erst begonnen, doch allgemein wird erwartet, noch viele Beispiele zu finden. Vielleicht sind wir selbst aus Scutoiden gebildet. Denkbar ist ebenso, dass Bienenwaben, die sechseckig zu sein scheinen, in Wirklichkeit aus Scutoiden bestehen. Natürlich ist so ein Scutoid in der Natur nicht so schön regelmäßig wie im Computermodell. Er ist gequetscht und gedehnt, verbogen und verdreht – und er verändert sich andauernd. Aber es besteht kein Zweifel, dass es sich um eine real existierende, wichtige Form handelt.

Es gibt erste Ideen dazu, wie Scutoide zum Wachstum von künstlichen Organen und Gewebe im Labor beitragen könnten. Scutoide aus dem 3-D-Drucker könnten als eine Art Gerüst dienen, an dem Epithelien wachsen und sich selbst organisieren, sodass sie schneller in die richtige Form finden. Es ist gut denkbar, dass Mathematiker viele Entdeckungen machen, sobald sie sich ernsthafter mit dieser neuen Form befassen. Sie kommt uns sehr vertraut vor, und wenn sie in der Natur tatsächlich so weit verbreitet ist, wie es scheint, dann können wir wahrscheinlich eine Menge von dieser Form lernen.

Glossar

Algorithmus Eine Reihe von Anweisungen, die eine schrittweise Lösung von Problemen erlaubt

Analysis (auch Infinitesimalrechnung). Beschäftigt sich mit Eigenschaften und Lösen von Funktionen, etwa bei der Kurvendiskussion

Axiom Eine Aussage, die ohne Beweis als wahr angesehen wird und aus der sich weitere Sätze ableiten lassen

Basis Eine Zahl, die als Grundlage für ein Zahlensystem dient. Sie gibt die Anzahl der Ziffern in diesem System an

Beweis Der Vorgang, in dem durch logische Schlussfolgerungen aufgezeigt wird, dass eine mathematische Aussage wahr ist

Binär Ein Zahlensystem zur Basis 2 mit den Ziffern 0 und 1

Fraktal Eine »selbstähnliche« Form, in der beim Vergrößern dasselbe Muster wieder auftaucht

Imaginäre Zahl Zahl, die als Vielfaches von i ausgedrückt wird, der Wurzel aus –1. Bildet zusammen mit reellen Zahlen (Brüche und irrationale Zahlen) die Menge der komplexen Zahlen

Infinitesimal »Unendlich kleine« Werte, die zusammen aber doch einen endlichen Wert ergeben

Irrationale Zahl Reelle Zahl, die sich nicht als Verhältnis zweier ganzer Zahlen schreiben lässt (z. B. $\sqrt{2}$)

Koeffizienten In einem algebraischen Ausdruck die Zahl vor einer Variablen, z. B. die 4 in 4x.

Logarithmus Die Zahl y, die angibt, wie oft eine Zahl mit sich selbst multipliziert werden muss, um eine weitere gegebene Zahl zu erhalten

Logik (mathematische) Verwendung von Algebra und algebraischen Regeln, um eine Aussage zu machen und diese argumentativ zu beweisen

Polygon (Vieleck) Ebene Figur aus mindestens drei geraden Linien

Primzahl Ganze Zahl, die nur durch 1 und durch sich selbst ohne Rest teilbar ist

Quadratisch ist eine Gleichung, wenn die Variable maximal zur Potenz 2 vorkommt, etwa $x^2+x+b=0$

Satz (auch Theorem) Eine bewiesene Aussage, Lehrsatz

Sexagesimal Zahlensystem zur Basis 60

Statistik Methodik der Darstellung und Interpretation von Daten

Stellenwertsystem Zahlensystem, in dem der Wert einer Ziffer von der Position innerhalb einer Zahl abhängt

Strömungslehre Lehre vom physikalischen Verhalten (Bewegung) von Flüssigkeiten und Gasen

Theorie Durch Erkenntnis gewonnene Prinzipien, Aussagen und Sätze, die ein (mathematisches) Gebiet begründen

Topologie Teilgebiet, das sich mit geometrischen Erhaltungseigenschaften befasst, wenn die Form verändert wird

Zahlentheorie Teilgebiet, das sich mit den Eigenschaften der natürlichen, ganzen Zahlen, ihren Beziehungen und ihrer Darstellung befasst

Register